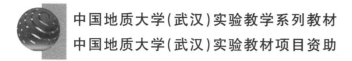

中国地质大学(武汉)实验教学系列教材
中国地质大学(武汉)实验教材项目资助

地下水污染与防治实习指导书

DIXIASHUI WURAN YU FANGZHI SHIXI ZHIDAOSHU

主　编　梁莉莉
副主编　李俊霞　苏春利　皮坤福

中国地质大学出版社
ZHONGGUO DIZHI DAXUE CHUBANSHE

图书在版编目(CIP)数据

地下水污染与防治实习指导书/梁莉莉主编.—武汉:中国地质大学出版社,2024.3
中国地质大学(武汉)实验教学系列教材
ISBN 978-7-5625-5821-7

Ⅰ.①地… Ⅱ.①梁… Ⅲ.①地下水污染-污染防治-高等学校-教材 Ⅳ.①X523

中国国家版本馆 CIP 数据核字(2024)第 060892 号

地下水污染与防治实习指导书		梁莉莉	主　编
	李俊霞　苏春利	皮坤福	副主编

责任编辑:王　敏　王凤林	选题策划:王凤林	责任校对:张咏梅
出版发行:中国地质大学出版社(武汉市洪山区鲁磨路388号)		邮政编码:430074
电　　话:(027)67883511	传　　真:(027)67883580	E-mail:cbb@cug.edu.cn
经　　销:全国新华书店		http://cugp.cug.edu.cn
开本:787 毫米×1092 毫米 1/16	字数:102 千字	印张:4
版次:2024 年 3 月第 1 版	印次:2024 年 3 月第 1 次印刷	
印刷:武汉睿智印务有限公司		
ISBN 978-7-5625-5821-7		定价:28.00 元

如有印装质量问题请与印刷厂联系调换

目 录

第一章 一维土柱弥散实验——弥散系数的测定 (1)

 一、实验目的 (1)

 二、实验内容 (1)

 三、实验所需设备和试剂 (1)

 四、土柱的填装（干法装柱） (2)

 五、实验步骤 (3)

 六、注意事项 (4)

 七、数据记录 (4)

 八、数据处理 (5)

 九、思考题 (6)

第二章 一维土柱的微生物脱氮实验 (7)

 一、实验目的 (7)

 二、实验原理 (7)

 三、实验内容 (8)

 四、实验所需设备和试剂 (9)

 五、实验步骤 (9)

 六、数据处理与分析 (10)

 七、根据结果回答问题 (10)

第三章 地下水特征污染物的识别实验 (12)

 一、实验目的 (12)

 二、实验内容 (12)

 三、实验所需试剂及设备 (12)

 四、实验步骤 (13)

  五、数据分析整理 ………………………………………………… (13)

  六、结论 ………………………………………………………… (14)

第四章　地下水扇形三维模拟槽设计综合实验 ……………………… (15)

  一、实验目的 …………………………………………………… (15)

  二、实验内容 …………………………………………………… (15)

  三、实验所需试剂及设备 ……………………………………… (15)

  四、地下水扇形模拟槽组建过程和各部件功能 ……………… (15)

  五、实验步骤 …………………………………………………… (17)

  六、作业 ………………………………………………………… (18)

  七、思考题 ……………………………………………………… (19)

第五章　扇形三维模拟槽中 PRB 原位修复实验 ……………………… (20)

  一、实验目的 …………………………………………………… (20)

  二、实验内容 …………………………………………………… (20)

  三、实验所需试剂及设备 ……………………………………… (20)

  四、地下水修复模拟槽组建过程和各部件功能 ……………… (21)

  五、实验步骤 …………………………………………………… (23)

  六、作业 ………………………………………………………… (24)

  七、思考题 ……………………………………………………… (25)

附录一　水样中硝酸根、铵根和亚硝酸根的测定方法 ……………… (26)

附录二　地下水环境现状评价方法 ……………………………………… (39)

附录三　地下水质量标准 ………………………………………………… (44)

第一章　一维土柱弥散实验——弥散系数的测定

一、实验目的

1. 学习相关水质指标(如电导率等)的测试方法。
2. 记录盐分(NaCl)的穿透曲线,学习计算弥散系数的方法。
3. 学习污染物在一维土柱中的迁移转化过程。
4. 熟悉土柱实验数据的记录和处理,为后期建立污染物运移数值模型奠定基础。

二、实验内容

1. 学习一维实验土柱的装填。
2. 记录盐分(NaCl)随时间变化的数据,并作出穿透曲线。
3. 观察盐分在土柱中的迁移过程(通过在土柱运行过程中取样测试分析来观察)。
4. 根据测试结果进行数据处理,计算弥散系数。

三、实验所需设备和试剂

设备:有机玻璃柱(高约 800mm,内径 110mm,砂板高度 40mm,厚度为 4mm,横截面积为 $S_{横截面}=3.14\times5.5cm\times5.5cm=94.985cm^2$)、蠕动泵(配硅胶管)。

材料:尼龙网(200 目)、石英砂、砾石(颗粒大小 0.8~2.0cm)、烧杯、电导率仪、样品瓶、量筒、秒表、压实器等。

药品:NaCl。

部分设备及材料照片如图 1-1 所示。

图1-1 部分设备及材料照片

四、土柱的填装(干法装柱)

1. 设计实验:确定所用污染物溶液、土柱尺寸、填充物类型和反应渗透墙情况。

2. 装填土柱:装填前,需先测定所填土壤的相关参数,如粒径大小、级配组成、矿物组成、孔隙度、干容重 γ 和含水量 S。本实验用石英砂代替土壤。

3. 装填时采用干堆法,且要利用土壤的干容重 γ 和含水量 S 进行计算。根据不同的土柱尺寸,每次装填的高度 H 须在 5~10cm 之间,而每次装填的重量为

$$W = V \cdot \gamma(1+S)$$

式中：V——每次装入土体体积，cm^3；

　　　γ——天然土体干容重，g/cm^3；

　　　S——室内土壤含水量，%。

4. 在每次装入 W（单位：g）土壤后，利用压实器进行土壤压实，使其达到规定的土壤土柱高度 H。

5. 如此试验土柱的干容重与天然情况下土壤干容重相等或者接近，由此来控制土柱内土壤的孔隙率与天然情况下的土壤孔隙率基本相符。

五、实验步骤

1. 配制 NaCl 溶液。配制质量分数为 0.2% 的 NaCl 溶液 5L，即称量 10gNaCl 固体溶解于 5L 纯水中，并测定 NaCl 溶液的电导率，记为 EC_0。

2. 在装柱前，检查实验柱是否有裂痕和漏水等状况，更换不合格的实验柱。

3. 用自来水将砾石清洗 3 遍，以去除砾石表面的杂质。然后用干法装柱的方法在柱内填满洗净的石英砂，并在每次装填后用压棒压实，以保证柱中石英砂装填均匀。

4. 不管入水方式如何，必须在入水处装填 2cm 厚的砾石层，防止水流对石英砂层的冲刷，从上往下入水时尤其要注意。在出水口的石英砂下面也必须铺设 2cm 厚的砾石层，防止出水口堵塞。

5. 实验柱饱水和清洗。使用蠕动泵和自来水，采用从下往上注水的方式，给砂柱饱水，蠕动泵转速设置为 50r/min。当水充满实验柱时，即水位没过砂柱上面的砾石时，改为从上往下的方式给土柱泵水，转速为 20r/min。当出水口的出水电导率不再变化，且与自来水电导率一致时，结束清洗，暂停蠕动泵，测得的电导率记为 $EC_水$。

6. 注入盐水，开始穿透实验。使用蠕动泵从上往下注水的方式，将 NaCl 溶液泵入土柱，蠕动泵转速为 20r/min。记录开始泵入时间 t_1，同时在出水口处用烧杯收集滤液。当出水电导率开始大于自来水电导率时，记录时间为 t_2，此时开始穿透实验。

7. 穿透实验运行。每隔 5min，将收集滤液的烧杯取出，放上另外一个烧杯收集滤液，记录下取出时间，同时测定被取出烧杯里滤液的电导率，记为 EC_2。依此类推，分别记录 EC_2、EC_3、EC_4…EC_n，并与取样时间一一对应。当电导率出现 $EC=EC_0$ 时，记录时间 t_3，停止注入 NaCl 溶液。

8. 在穿透实验正式开始后的 10～40min，即 t_2 时间后的 10～40min，将被取出烧杯里的滤液全部小心地加入量筒，读取总体积。

9. 将注入溶液换成自来水，不改变注入方式，再次启动蠕动泵，转速设置为 20r/min，直至 $EC=EC_水$ 时，也就是当电导率值与注入 NaCl 前的电导率值一致时，实验结束，记录时间 t_4，此过程为清洗砂柱。

10. 计算平均流速。根据量筒测出的溶液总体积（V）和相应的取样时间间隔（Δt），计算出水平均流速 u，计算公式为 $u = V/(\Delta t \times S_{横截面})$。计算时注意单位的一致性。

六、注意事项

1. 自来水电导率在 $280 \sim 450 \mu s/cm$ 之间，若明显偏离此范围，请联系指导老师检查原因。
2. 蠕动泵出水端乳胶管勿接触砂柱顶端砾石。
3. 注意蠕动泵转动方向，应使其向柱内泵入水，而不是抽出水。
4. 在每次更换溶液时排空蠕动泵管内残余液体。
5. 测试电导率时，电导率仪会根据溶液的电导率范围，变换电导率的单位，所以读数时需注意（$1 ms/cm = 1000 \mu s/cm$）。

七、数据记录

$EC_水$	EC_0	EC_n	时间	$EC - EC_水$	$(EC - EC_水)/EC_0$	穿透时段	穿透时间计算
						出流开始所用时间 $t_{开始} = t_2 - t_1$	开始穿透前
						$EC - EC_水 > 0$	穿透时间 $t_{穿透} = t_3 - t_2$
						$EC - EC_水 = 0$	砂柱清洗时间 $t_{清洗} = t_4 - t_3$

穿透开始时间：从砂柱出流开始到能开始测到 $EC-EC_水 > 0$ 时所经历的时间，$t_{开始}=t_2-t_1$；

穿透结束时间：从砂柱出流开始到实验结束所经历的时间，$t_{结束}=t_3-t_1$；

穿透时间：砂柱中 NaCl 穿透过程经历的时间，$t_{穿透}=t_{结束}-t_{开始}=t_3-t_2$；

根据实验结果绘制 NaCl 穿透曲线图，横坐标为时间，纵坐标为 $(EC-EC_水)/EC_0$。

八、数据处理

1. 绘制 NaCl 穿透曲线 $(EC-EC_水)/EC_0 - t$，注意横坐标 t 的开始值。

2. 依据 $(EC-EC_水)/EC_0 - t$ 曲线计算 NaCl 的纵向弥散系数 D_L（单位：cm^2/min 或者 cm^2/h）。

【原理】本实验相当于 NaCl 连续注入半无限长柱体含水层情况，其运移定解方程为

$$\begin{cases} \dfrac{\partial C}{\partial t}=D_L\dfrac{\partial^2 C}{\partial x^2}-u\dfrac{\partial C}{\partial t} \\ C(x,0)=0 \quad x \geqslant 0 \\ C(0,t)=C_0 \quad t>0 \\ C(\infty,t)=0 \quad t>0 \end{cases}$$ 方程的解为 $C(x,t)=\dfrac{C_0}{2}\mathrm{erfc}\left[\dfrac{x-ut}{2\sqrt{D_L t}}\right]$

可转化为

$$\frac{C}{C_0}=1-F\left(\frac{x-ut}{\sqrt{2D_L t}}\right)$$

其中，

$$F\left(\frac{x-ut}{\sqrt{2D_L t}}\right)=\frac{1}{\sqrt{2\pi}}\int_{-\infty}^{\frac{x-ut}{\sqrt{2D_L t}}}\exp\left(\frac{\zeta^2}{2}\right)\mathrm{d}\zeta$$

可以看出，当 t 为给定值时，$F\left(\dfrac{x-ut}{\sqrt{2D_L t}}\right)$ 是正态分布函数，数学期望为 $m=ut$，均方差 $\sigma=\sqrt{2D_L t}$。

因为：

$$F(1)=0.84, F(-1)=0.16$$

把相对浓度 $C/C_0=0.84$ 和 $C/C_0=0.16$ 处的点 x 分别记为 $x_{0.84}$、$x_{0.16}$，则有

$$D_L=\frac{(x_{0.16}-x_{0.84})^2}{8t}$$

只要从测定的示踪剂浓度沿程分布曲线中计算出 $x_{0.16}-x_{0.84}$ 的距离，即可代入上式求得纵向弥散系数 D_L。

但在实际实验中，对各类固相介质都作出浓度沿程分布曲线并不是一件容易的事，

如对一些渗透系数小的砂（土）样，要在各个取样口同时取得满足分析要求水量的水样比较困难。通常是在试验筒的某一固定点上（某个取样口或圆筒末端的出水口）测定浓度随时间变化的关系，得到浓度穿透曲线。

令 $t_{0.16}$、$t_{0.50}$ 和 $t_{0.84}$ 分别表示在取样点 $x=L$ 处的相对浓度 C/C_0 达到 0.16、0.50 和 0.84 的时间，则纵向弥散系数为

$$D_L = \frac{u^2}{8t_{0.50}}(t_{0.84} - t_{0.16})^2$$

九、思考题

1. 本实验中，饱水时是由下而上将水注入砂柱的，这样做的目的和意义是什么？
2. 如果实验刚开始泵入砂柱的溶液是去离子水，流出液还是去离子水么？
3. 对比穿透曲线 $(EC-EC_{水})/EC_0 - t$，$(EC-EC_{水})/EC_0 - x$ 在物理意义上的异同点。
4. 装柱过程中，如果用天然土壤填柱，如何计算填入土壤的量？该如何操作？
5. 实验中，当 $EC=EC_0$ 时，停止注入 NaCl 溶液，随后为何还要泵入自来水，直至流出液电导率为 $EC_{水}$ 时，才结束实验？
6. 除了上述介绍的求取纵向弥散系数的方法外，有无其他方法？
7. 穿透曲线分析实验结束时，砂柱中有无 NaCl 残留？
8. 如果用水文地球化学模拟的方法确定 NaCl 在土柱中经历的水文地球化学过程，还需要哪些数据？
9. 如果让你设计一个测定弥散系数的实验，你该如何设计？污染物可以换成其他的吗？

第二章 一维土柱的微生物脱氮实验

一、实验目的

1. 学习相关水质指标（EC、pH、NO_3^-、NO_2^-、NH_4^+ 等）的测试方法。
2. 观察了解污染物在一维土柱中的迁移转化及降解过程（一维土柱可以模拟降雨淋滤、入渗过程，以及灌溉，包括喷管、漫灌等过程中，填料对污染物的去除过程和污染物迁移转化规律的探讨）。
3. 初步了解地下水污染修复的原理。
4. 学习土柱实验数据的记录和处理，为后期建立污染物运移数值模型奠定基础。

二、实验原理

微生物和植物吸收利用硝酸盐有两种完全不同的用途。其中一种是利用硝酸盐作为氮源，称为硝酸盐同化还原作用：$NO_3^- \rightarrow NH_4^+ \rightarrow$ 有机态氮。另一种是厌氧微生物利用 NO_2^- 和 NO_3^- 作为呼吸作用的最终电子受体，把硝酸盐还原成氮气（N_2），称为反硝化作用或脱氮作用：$NO_3^- \rightarrow NO_2^- \rightarrow NO \rightarrow N_2O \rightarrow N_2 \uparrow$。

该实验就是利用厌氧微生物的反硝化作用，进行硝酸盐中氮的还原作用。反硝化，也称脱氮作用，是指细菌将硝酸盐（NO_3^-）中的氮（N）通过一系列中间产物（NO_2^-、NO、N_2O）还原为氮气（N_2）的生物化学过程。参与这一过程的细菌统称为反硝化菌。

反硝化菌在无氧条件下，通过将硝酸盐（NO_3^-）作为电子受体完成呼吸作用（respiration）以获得能量。这一过程是硝酸盐呼吸（nitrate respiration）的两种途径之一，另一种途径是硝酸异化还原成铵盐（DNRA）。

大部分反硝化细菌是异养菌，如脱氮小球菌、反硝化假单胞菌等，它们以有机物（如葡萄糖）为碳源和能源，进行无氧呼吸，其生化过程为

$$C_6H_{12}O_6 + 12NO_3^- \longrightarrow 6H_2O + 6CO_2 + 12NO_2^- + 能量$$

$$5CH_2O + 4NO_3^- + 4H^+ \longrightarrow 2N_2 + 5CO_2 + 7H_2O + 能量$$
$$5CH_3COOH + 8NO_3^- \longrightarrow 6H_2O + 10CO_2 + 4N_2 + 8OH^- + 能量$$

少数反硝化细菌为自养菌,如脱氮硫杆菌,它们氧化硫或氢获得能量,同化二氧化碳,以硝酸盐为呼吸作用的最终电子受体。可进行以下反应:

$$5S + 6KNO_3 + 2H_2O \longrightarrow 3N_2 + K_2SO_4 + 4KHSO_4$$

反硝化反应在自然界具有重要意义,是氮循环的关键一环,可使土壤中因淋溶而流入河流、海洋中的 NO_3^- 减少,消除因硝酸积累对生物的毒害作用。它和厌氧氨氧化酶(anammox)一起,使自然界被固定的氮元素重新回到大气中。

农业生产方面,反硝化作用使硝酸盐还原成氮气,从而降低了土壤中氮素营养的含量,对农业生产不利。农业上常进行中耕松土,以防止反硝化作用。

在环境保护方面,反硝化反应和硝化反应一起可以构成不同工艺流程,是生物除氮的主要方法,在全球范围内的污水处理厂中被广泛应用。

该实验的第一步是培养厌氧菌。在实验柱中加入乳酸钠的目的是提供足够的碳源和能源;加入湖水作为母液,提供微生物菌种;然后加入硝酸盐,它是厌氧菌大量繁殖所需的营养物质。柱子中加满水,提供厌氧环境,从而使得厌氧菌大量繁殖(图2-1)。

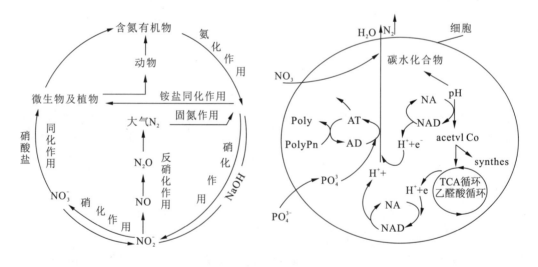

图 2-1 脱硝实验

三、实验内容

1. 学习土柱的填装。
2. 观察硝酸盐在一维度土柱中的迁移转化。

3. 对硝酸盐的转化产物和相关指标进行定量测定(学习污染物不同产物的测定方法)。

4. 根据测试结果进行数据处理和分析。

5. 深入理解硝酸盐的反硝化原理。

四、实验所需设备和试剂

设备:有机玻璃柱、蠕动泵(配硅胶管)、尼龙网(200目)、石英砂、乳酸钠、砾石(0.8~2.0cm)、硝酸钠、5L烧杯、样品瓶、0.45μm微孔滤膜、注射器、电导率和pH测定仪、锡箔纸、分光光度计等。

测NO_3^-所需试剂:氨基磺酸、硝酸盐标准使用液。测NO_2^-所需试剂:亚硝酸盐标准使用液、盐酸N-(1-萘基)-乙二胺、盐酸。氨氮测试所需试剂:纳氏试剂、酒石酸钾钠、水杨酸。

五、实验步骤

1. 溶液配制

配制营养液及污染物溶液:用塑料桶取5L湖水,加入10mL乳酸钠溶液和1g $NaNO_3$。保证溶液中的$w(C):w(N)$大于10:1。测量溶液电导率,后续做参考用。

2. 实验柱装填

参考弥散实验中实验柱的装填方法(也可直接使用弥散实验中装填好的实验柱,但必须保证第一次实验的柱子冲洗干净,无NaCl残留,且洗干净后用自来水饱满柱子放置)。

3. 微生物培养

(1)如果使用上次填装好的砂柱,必须让柱子饱满自来水。

(2)使用蠕动泵从上往下泵入配置好的营养液。参考第一章实验的蠕动泵转速(20~50r/min)泵入营养液,为保证柱子中完全为营养液,可在底端采样测量出水电导率。当出水电导率值与配置的营养液电导率一致时,营养液完全填充整个柱子。

(3)选两组实验柱,在柱外壁包上锡箔纸,避光;另选两组作为对照组,不避光。对比避光和不避光条件下,微生物对硝态氮的还原效果。

(4)取样。在柱子底部收集出水,每8h取一个样,一共持续约72h,并测试出水电导率和pH,记录数据,其余样品留做待测NO_3^-、NO_2^-和NH_4^+。

(5)样品预处理。将收集到的水样贴好标签后,冷藏保存。待72h后将样品全部收集完毕统一处理。样品分析测试前,均需用0.45μm滤膜过滤。

(6)样品分析。利用附录一中的方法对样品中的 NO_3^-、NO_2^- 和 NH_4^+ 进行上机测试,收集测试结果。

4. 实验结束

待 72h 所有需要检测的样品收集完后,清洗柱内残余溶液,晾干砂柱,并拆卸砂柱,倒出石英砂,妥善处理实验废弃物。

六、数据处理与分析

将实验结果整理进表格,绘制 NO_3^-、NO_2^- 和 NH_4^+ 浓度随时间的变化曲线,回答下面的问题。

样品编号	时间/h	pH	电导率	NO_2^-/(mg·L^{-1})	NH_4^+/(mg·L^{-1})	NO_3^-/(mg·L^{-1})
1	0(原液)					
2	8					
3	16					
4	24					
5	32					
6	40					
7	48					
8	56					
9	64					
10	72					

七、根据结果回答问题

1. 随着时间的变化 pH 和电导率如何变化?产生这种变化的原因是什么?

2. 通过实验数据计算 NO_3^- 被微生物还原的比例是多少?哪些因素可以影响 NO_3^- 被还原的比例?如果要提高 NO_3^- 被还原的比例,还需要改变哪些实验条件?如何改变实验条件?

3. 除了直接测定硝酸根判断反硝化反应的程度,还可以用哪些指标反映反硝化反应的程度?

4. 反硝化作用硝酸盐去除实验中,有什么不足之处?或者有哪些因素限制该实验在地下水原位修复中的应用?

5. 除了反硝化作用,还有哪些方法可以去除硝酸盐污染?这些方法的优劣又是什么?

6. 调查国内地下水修复中硝酸盐氮的原位修复,主要采用的是哪种修复方案,试着介绍1～2种(主要介绍修复原理、修复方案和修复效果)。

第三章　地下水特征污染物的识别实验

一、实验目的

1. 学习典型污染物的测试方法。
2. 初步学会水化学数据分析。
3. 了解地下水水质标准及等级划分。
4. 判别水体是否污染，如有污染，属于哪种类型的污染。

二、实验内容

1. 熟悉地下水基本物化指标的现场测定(包括 T、pH、EC 等)。
2. 熟悉地下水样的过滤方法。
3. 学习碱度的滴定方法。
4. 学习常量阳离子(K^+、Na^+、Ca^{2+}、Mg^{2+})检测的常用设备，如电感耦合等离子体发射光谱仪(ICP‑OES)，学习该仪器的应用场景和测试原理。
5. 了解学习阴离子(Cl^-、NO_3^-、NO_2^-、SO_4^{2-})检测的常用设备，如离子色谱仪(IC)，学习该仪器的应用场景和测试原理。
6. 学习重金属/准金属(Cu、Pb、Zn、Mn、Cd、Cr、As、Hg)检测的常用设备，如电感耦合等离子体发射光谱仪(ICP‑OES)和电感耦合等离子体质谱仪(ICP‑MS)的应用场景和测试原理。
7. 学习微生物菌落总数的测定。

三、实验所需试剂及设备

0.45μm 孔径过滤头、注射器、样品瓶、离心管、移液枪、一次性手套、便捷式多参数水质分析仪、营养琼脂、一次性培养皿(直径 9cm)、培养箱、灭菌锅、灭菌试管、打火机、酒精灯、涂泊棒等。

四、实验步骤

1. 现场测定地下水的 T、pH、EC、TDS 等基本物理化学参数,仔细听取指导老师的操作讲解。

2. 进行水样碱度的滴定(甲基橙指示剂在 pH 为 3.1~4.4 时为橙色,小于 3.1 时为红色,大于 4.4 时为黄色;注意滴定过程中颜色的细致区分)。

3. 过滤样品,将样品分别过滤在两个 10mL 的离心管里,其中一个送 IC 室进行阴离子测试。

4. 往另一支装有样品的离心管里加入硝酸进行酸化,充分摇匀后,送 ICP-OES 室和 ICP-MS 室进行常量阳离子和重金属的测试。

5. 以无菌操作方法用灭菌吸管吸取 0.1mL 水样,注入营养琼脂平皿中,并立即旋摇平皿,使水样与培养基充分混合。每次检验时应作一个平行接种,同时另用一个平皿倾注营养琼脂培养基作为空白对照。待水样被平板吸收后(约 15min),翻转平皿,使底面朝上,置于 36℃的培养箱内培养 48h,进行菌落计数。结果即为 0.1mL 水样中的菌落总数。

6. 操作注意事项:①单手操作,一手开盖,一手上样;②涂泊棒要用酒精灯灭菌,烧 5s 左右,然后在平板上盖上冷却;③涂的时候要均匀涂抹,边转边涂;④涂完后平置,待液体全部吸干;⑤倒置于生化培养箱内,37℃进行培养 48h 后计数。

7. 在 ICP 室学习 ICP-OES 的工作原理及测试方法。

8. 在 IC 室学习 IC 的工作原理及测试方法。

9. 完成实验指导老师要求的其他实验步骤。

五、数据分析整理

1. 阴阳离子平衡计算

计算被测水样的电荷平衡,判断是否在允许的误差范围内(<5%)。

电荷平衡的计算可按阴阳离子平衡关系,做一般检查。先将检测结果的质量浓度除以分子量转化为摩尔浓度,然后乘以其带的电荷数,计算出毫克当量浓度,最后计算出相对误差。

方法如下:

$$E = \frac{\sum m_c - \sum m_a}{\sum m_c + m_a} \times 100\%$$

式中：E——阴阳离子计算误差百分比；

$\sum m_c$——阳离子的摩尔当量总和；

$\sum m_a$——阴离子的摩尔当量总和。

倘若 E 值太大，若不是地下水明显受到污染，则可怀疑监测结果失真。

根据实验数据可绘制 Piper 三线图，分析地下水水化学类型。注意：当现场无法完成碱度滴定时，可基于电荷平衡原理，考虑 K^+、Na^+、Ca^{2+}、Mg^{2+}、Cl^-、SO_4^{2-}、NO_3^-、HCO_3^- 几种离子，根据其他可测定离子的浓度推算 HCO_3^- 的浓度，此时不再需要计算电荷平衡，分析水化学类型即可。

2. 总硬度计算

这里的总硬度统一为碳酸钙硬度，计算公式为

$$总硬度 = \left(\frac{Ca}{40} + \frac{Mg}{24}\right) \times 100\%$$

六、结论

基于地下水水质标准(《地下水质量标准》(GB/T 14848—2017)，判断样品中各组分超过了几级限定值，测试样品为几级水质。

测试指标	样品1	样品2	样品3	……			
浊度							
嗅和味							
pH							
TDS							
总硬度							
Fe							
Mn							
Zn							
Cu							
……							
菌落总数 CFU/(个·mL^{-1})							

第四章　地下水扇形三维模拟槽设计综合实验

一、实验目的

1. 熟悉与地下水相关的基本概念和地下水补给、径流和排泄的知识。

2. 增强对地下水中污染物迁移的感性认识，了解点源、线源和面源污染物的扩散特点。

3. 初步学习设计污染源模拟槽，加深对地下水污染的理解，培养综合分析和解决地下水污染问题的能力。

二、实验内容

1. 扇形模拟槽设计。
2. 扇形模拟槽填装。
3. 运行扇形模拟槽，并记录数据。

三、实验所需试剂及设备

小型模拟槽一个、带孔白管若干根、尺子、尼龙网、细沙、塑料量杯、压实器、电导率仪、NaCl 溶液、样品瓶。

四、地下水扇形模拟槽组建过程和各部件功能

地下水污染修复的扇形三维模拟槽装置，包括供水装置、扇形砂槽、溢水装置、可渗透反应墙装置、监测装置。所述扇形砂槽槽体是两侧面夹角为 30°的扇形区域的立体装置，能准确模拟不同入渗形式的污染物在地下水三维流场中迁移、运行、转化、降解和吸

附等过程;本实验还提供一种地下水污染修复的扇形三维模拟实验方法。本实验新型砂槽设置为扇形立体槽,扇形的尖端作为污染物补给区,中间为含水层,扇形的圆边作为排泄区,实现真正的小型三维流场模拟。本实验还可以配置可渗透反应墙装置,以开展污染物修复的模拟实验,在可渗透反应墙中填充不同的吸附材料,以模拟三维流场条件下不同修复材料对不同污染的修复能力。

1. 槽头和槽尾

从功能上讲,槽头与槽尾是进出水的水箱,对水流起到缓冲作用,从而为槽身提供一个稳定的水头差。槽头的结构为一个扇形的圆心位置,主要作为污染物的输入孔。而槽尾是一个排泄区,配有自动升降水箱,从而提供水头差,只是槽尾在底部多了一个孔口。槽头与槽尾的底部各有一个孔径为25mm的孔口与各自的溢水装置用软管连接,基于连通器的原理,可以通过溢水装置的高低控制槽头与槽尾中的水位,从而模拟出不同的水力梯度。槽头和槽尾与槽身相连的侧面使用打孔有机玻璃板(孔径2mm,孔间距5mm)隔开,玻璃板表面蒙有60目的尼龙纱网,防止槽身中沙土通过玻璃板的孔流入槽头和槽尾。

2. 槽身

槽身的作用是模拟天然条件下地下水赋存的地质环境。槽身是模拟槽的主体,内置模拟的天然地下水含水层介质(我们用粉砂替代)。槽身的两个侧面是透明的玻璃板,以便试验过程中观察模拟槽内的情况。槽身两端与槽头、槽尾相连。槽身中填装的介质选择粉砂土(可以按照粉砂土容重为3000kg/m^{3}填装),使含水层和隔水层尽可能均匀,以达到均质、各向同性的要求。

3. 给水出水装置

给水出水装置是处于模拟槽两端的可以进行上下位置调节的方形槽,该槽由塑料板制成,也称溢水设备。方形槽的顶部敞开与大气连通,底部有孔口通过软管与槽头和槽尾相连,与槽头和槽尾形成一个连通器,这样就可以通过给水出水装置方形槽高度差的调节来获得不同的水力梯度。

4. 自动水位升降装置

该砂槽设有自动水位升降装置,不仅可以设置水位的高度和时间,以及每个高度的持续时间等,而且可以根据需要对高度和时间进行编程,从而可以程序化地模拟河岸带和海岸潮汐带有规律的升降,研究河岸带与潮汐作用下,污染物在河间带的运行和转化情况,进一步拓展研究范围。

5. 监测孔

监测孔由直径 25mm、壁厚 2.5mm 的 PVC 管制成，PVC 管的外壁有一层厚 0.2mm 的 60 目的尼龙丝网，以防止砂粒进入监测孔中影响监测孔的正常工作。监测孔的埋设深度可根据含水层厚度确定。监测的指标可以通过蠕动泵从监测孔中取样进行分析。

监测孔的功能有 3 个：①污染物在含水层的迁移状况；②不同位置点的水位；③不同位置地下水水质及环境变化情况。

监测孔的布设原则：①监测孔不能对地下水的渗流场产生明显干扰，这就要求监测孔的数量不能过多，不能过密；②监测孔的布设要有目的性、系统性，对一个污染源进行监测时必须要有背景监测孔、控制断面的监测孔和消减断面的监测孔。

五、实验步骤

1. 分组设计模拟槽，分别进行点源、线源和面源的设计，并对比分析均一砂槽和非均一砂槽的污染物流场。

污染物可以以点源的方式投放，然后测定不同距离和深度的污染物浓度；污染物以线源的方式投放，可以通过带孔白管模拟线源污染来实现；面源污染的情况，可以将污染物以降雨的形式投放到整个槽体表面来实现。

2. 写出设计方案，填装模拟槽。主要内容包括在什么深度、什么位置装置监测点，如何实现不同深度的样品取样。
3. 填装模拟槽。先预埋好监测孔后，再用粒径较为均一的粉砂填充。
4. 如果填装有透镜体的砂槽，提前确定好透镜体的位置。
5. 运行模拟槽（图 4-1）。

第一步要给槽体饱水，向槽首、槽尾同时加水，水的流量不能太大，同时将给水箱、出水箱水位降到刻度尺 20cm 处，并每隔一段时间将给水箱、出水箱水位升高 20cm，直至槽体饱水；第二步构建水力条件，调节给水箱、出水箱的高度，让槽体的两端形成一定的水头差，同时测量出水箱的出水流量，直到出水流量稳定了以后，可以认为槽体中形成了稳定的流场。

6. 根据设计好的污染源条件投放污染物。可以用蠕动泵泵入，控制流速和流量。
7. 每隔一定的时间取出一个监测孔的样品，测定污染物的运移情况。
8. 记录数据。

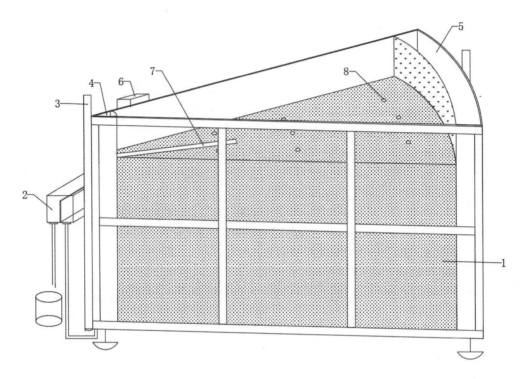

1. 扇形砂槽;2. 溢水盒;3. 溢水箱连杆;4. 污染物注入区和补给区;5. 排泄区;6. 自动水位升降控制器;7. 打孔PVC管(线源入渗模拟装置);8. 监测孔。

图4-1 均一介质模拟槽填装示意图

六、作业

1. 根据测定数据画出污染物在某两个时刻分布运移的流场分布图。
2. 分别画出3个监测点污染物随时间变化的曲线图。
3. 对比不同污染物投放情况下,污染物流场分布的差异性。
4. 对比均一砂槽和非均一砂槽(图4-2)的污染物运移流程,分析透镜体对污染物运移的影响。
5. 如果要建立一个三维流场,模拟槽应该如何设计?排泄区应该设置在什么位置?

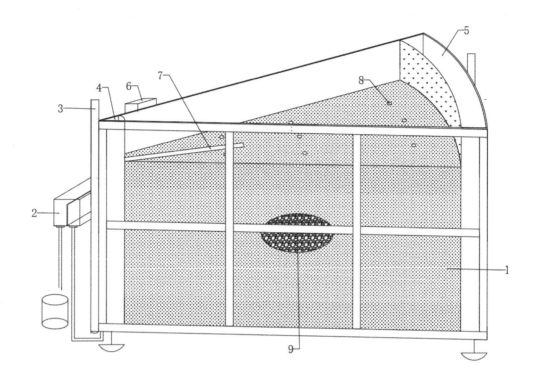

1. 扇形砂槽;2. 溢水盒;3. 溢水箱连杆;4. 污染物注入区和补给区;5. 排泄区;6. 自动水位升降控制器;7. 打孔 PVC 管(线源入渗模拟装置);8. 监测孔;9. 透镜体。

图 4-2 非均一介质模拟槽填装示意图

七、思考题

1. 根据实验过程,自己设计一个三维模拟槽,污染源可以是点源、面源或者线源。
2. 这次模拟槽实验是否失败,失败的原因是什么?下次实验该如何改进才能保证实验的成功?
3. 对比不同污染物投放情况下,污染物流场分布的差异性。
4. 如果改变透镜的位置,会对流场产生何种影响?
5. 如果要建立一个三维流场,模拟槽应该如何设计?排泄区应该设置在什么位置?

第五章　扇形三维模拟槽中 PRB 原位修复实验

一、实验目的

1. 在熟悉地下水相关概念的基础上，进一步理解 PRB 原位修复技术的概念与特点。
2. 学习并深入理解 PRB 的基本修复原理和技术。
3. 了解 PRB 修复材料的扩展和各种修复材料的优势与缺陷。

二、实验内容

1. PRB 修复模拟槽的填装。
2. PRB 原位修复墙的填装。
3. 槽体的运行和样品的采集。
4. 数据检测分析。
5. 槽体的清洗。

三、实验所需试剂及设备

扇形三维模拟槽 6 个（含有自动水位升降系统）、带孔白管若干根、尺子、尼龙网、细沙、塑料量杯、压实器、电导率仪、NaCl 溶液、样品瓶（图 5-1）。

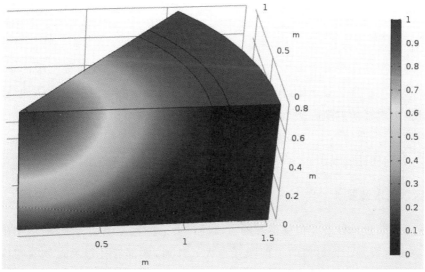

图 5-1　扇形三维模拟槽污染物弥散模拟图(反应时间为 60min)

四、地下水修复模拟槽组建过程和各部件功能

地下水污染修复的扇形三维模拟槽装置,包括供水装置、扇形砂槽、溢水装置、可渗透反应墙装置、采样装置、监测装置。所述扇形砂槽槽体是两侧面夹角为 30°的扇形区域的立体装置,能准确模拟不同入渗形式的污染物在地下水三维流场中的迁移、运行、转化、降解和吸附等过程;本实验还提供一种地下水污染修复的扇形三维模拟实验方法。

本实验新型砂槽设置为扇形立体槽,扇形的尖端作为污染物补给区,中间为含水层,扇形的圆边作为排泄区,实现真正的小型三维流场模拟。这个槽子中间配置有可渗透反应墙装置,可以开展污染物修复的模拟实验,在可渗透反应墙中填充不同的吸附材料,可以模拟三维流场条件下不同修复材料对不同污染的修复能力。

1. 槽头和槽尾

从功能上讲,槽头与槽尾是进出水的水箱,对水流起到缓冲作用,从而为槽身提供一个稳定的水头差。槽头的结构为一个扇形的圆心,主要作为污染物的输入孔。而槽尾是一个排泄区,配有自动升降水箱,从而提供水头差,只是槽尾在底部多了一个孔口。槽头与槽尾的底部各有一个孔径为 25mm 的孔口与各自的溢水装置用软管连接,基于连通器的原理,可以通过溢水装置的高低控制槽头与槽尾中的水位,从而可以模拟出不同的水力梯度。而槽头和槽尾与槽身相连的侧面使用打孔有机玻璃板(孔径 2mm,孔间距 5mm)隔开,玻璃板表面蒙有 60 目的尼龙纱网,防止槽身中沙土通过玻璃板的孔流入槽头和槽尾。

2. 槽身

槽身的作用是模拟天然条件下地下水赋存的地质环境。槽身是模拟槽的主体,内置模拟的天然地下水含水层介质(我们用粉砂替代)。槽身的两个侧面是透明的玻璃板,以便试验过程中观察模拟槽内的情况。槽身两端与槽头、槽尾相连。槽身中填装的介质选择粉砂土(可以按照粉砂土容重为 $3000kg/m^3$ 填装),使含水层和隔水层尽可能均匀,以达到均质、各向同性的要求。

3. 给水出水装置

给水出水装置是处于模拟槽两端的可以进行上下位置调节的方形槽,该槽由塑料板制成,也称溢水设备。方形槽的顶部敞开与大气连通,底部有孔口通过软管与槽头和槽尾相连形成一个连通器,这样就可以通过给水出水装置方形槽高度差的调节来获得不同的水力梯度。

4. 自动水位升降装置

该砂槽设有自动水位升降装置。不仅可以设置水位的高度和时间,以及每个高度的持续的时间等,而且可以根据需要对高度和时间进行编程,从而可以程序化地模拟河岸带和海岸潮汐带有规律的升降,研究河岸带与潮汐作用下,污染物在河间带的运行和转化情况,进一步拓展研究范围。

5. 监测孔

监测孔由直径 25mm、壁厚 2.5mm 的 PVC 管制成,PVC 管的外壁有一层厚 0.2mm 的 60 目的尼龙丝网,以防止砂粒进入监测孔中影响监测孔的正常工作。监测孔的埋设深度可根据含水层厚度确定。监测的指标可以通过蠕动泵从监测孔中取样进行分析。

6. PRB 原位修复材料装载区

该区域主要用于原位修复材料的填充,两侧由打孔的 PVC 板组成,并在上面包裹一层 100~200 目的尼龙纱网。主要特点是让水容易流过,但是砂子不能透过。水体通过该装置后,目标污染物被吸附或者分解,从而降低污染物的浓度,然后从排泄区排泄出去。

PRB 原位修复材料的选取原则:该材料可以去除目标污染物;透水性好,表面积大,吸附性能好;颗粒不能太细,要易于填装。

五、实验步骤

1. 分组设计污染物的投加方式,如点源、线源和面源等,并设计好监测孔的深度和位置等。实现不同深度的样品取样。

2. 每组的方案确定后开始填装砂槽;先预埋好监测孔,再用粒径较为均一的粉砂填充。

3. 砂槽填好后开始实验,运行模拟槽。根据点源污染的情况,测定不同距离和深度的污染物浓度,并对比污染物穿过 PRB 之后的浓度。污染物以线源的方式投放,可以通过带孔白管模拟线源污染来实现,并对比污染物穿过 PRB 之后的浓度。面源污染的情况,可以将污染物以降雨的形式投放到整个槽体表面来实现,并对比污染物穿过 PRB 之后的浓度。

4. 写出设计方案,填装模拟槽。主要内容包括在什么深度、什么位置装置监测点,如何实现不同深度的样品取样(图 5-2)。

5. 运行步骤。

第一步要给槽体饱水。饱水时水的流量不能太大,同时将给水箱、出水箱水位降到刻度尺 20cm 处,待排泄区的溢水装置开始溢水的时候,将给水箱、出水箱水位升高 20cm,直至槽体饱水。

第二步构建水力条件,调节给水箱、出水箱的高度,让槽体的两端形成一定的水头差,同时测量出水箱的出水流量,直到出水流量稳定了以后,可以认为槽体中形成了稳定的流场。

6. 根据设计好的污染源条件投放污染物。可以用蠕动泵泵入，控制流速和流量。

7. 每隔一定的时间在监测孔取样进行检测，测定污染物的运移情况和转化情况，观察污染物是否被 PRB 降解和吸附。

8. 记录数据。

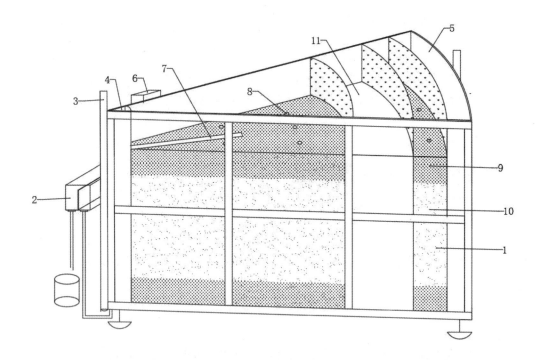

1. 扇形砂槽；2. 溢水盒；3. 溢水箱连杆；4. 污染物注入区和补给区；5. 排泄区；6. 自动水位升降控制器；7. 打孔PVC管（线源入渗模拟装置）；8. 监测孔；9. PRB 处理后的砂体；10. 含水层；11. PRB 渗透性反应墙。

图 5-2 扇形三维模拟槽示意图

六、作业

1. 根据测定数据画出污染物在某两个时刻分布运移的流场分布图。
2. 分别画出 3 个监测点污染物随时间变化的曲线图。
3. 对比不同污染物投放情况下，污染物流场分布的差异性。
4. 计算不同投放方式和水头差情况下，污染物通过 PRB 之后被降解和吸附的比例。

七、思考题

1. 根据实验过程，自己设计一个三维模拟槽，污染源可以是点源、面源或者线源。
2. 这次模拟槽实验是否失败，如失败，原因是什么？下次实验该如何改进才能保证实验的成功？
3. 对比不同污染物投放情况下，污染物流场分布的差异性。
4. 根据污染物的降解比例，思考原位修复材料的选取原则和改进思路。

附录一　水样中硝酸根、铵根和亚硝酸根的测定方法

（本实验室主要用分光光度计法，因此主要介绍了比色的方法）

1. 硝酸根的测定

1.1　适用范围

本法适用于清洁水中硝酸根离子的测定，适宜浓度范围 0~20.0mg/L。样品可以是循环冷却水及原水水样。

常见干扰因素有浊度、三价铁、六价铬、亚硝酸盐、碳酸盐及重碳酸盐。干扰因素消除方法如下：用氢氧化铝絮凝共沉淀，除去浊度、三价铁、六价铬的干扰；加入氨基磺酸除去亚硝酸盐的干扰，以先测 NO_3^- 含量；加入盐酸除去碳酸盐、重碳酸盐的干扰。

1.2　测定原理

NO_3^- 在紫外区 219nm 处有最大吸收峰，且其浓度与吸光度呈正比，因此可采用紫外吸收法直接测定水中 NO_3^-。NO_2^- 的干扰可加入氨基磺酸分解除去，其他有机物干扰可减去在 275nm 处测得的吸光度乘以校正因子来消除。水样中 NO_2^- 与氨基磺酸反应生成氮气，其反应式如下：

$$HNO_2 + HSO_3NH_2 =\!=\!= N_2 \uparrow + H_2SO_4 + H_2O$$

1.3　试剂

(1) 5% 氨基磺酸溶液：称取 5.0g 氨基磺酸 (HSO_3NH_2)，用蒸馏水溶于 100mL 容量瓶内定容摇匀即得。

(2) NO_3^- 标准储备溶液 (1.0g/L)：准确称取经 110℃ 干燥 1h 的优级纯硝酸钠 ($NaNO_3$) 0.137 1g 溶于蒸馏水中，定容于 100mL 容量瓶中，摇匀。此溶液 1mL 含有 1mg 硝酸根。

(3) NO_3^- 标准工作溶液 (100mg/L)：从 NO_3^- 标准储备溶液中取 10mL 至 100mL 容量瓶中，加蒸馏水稀释至标线，摇匀，作为标准工作溶液使用。

(4) 盐酸 [$c(HCl) = 1mol/L$]：量取 8.3mL 盐酸 ($\rho = 1.19g/mL$)，用蒸馏水稀释至 100mL。

1.4 仪器

紫外分光光度计;1cm 石英比色皿;10mL 具塞比色管。

1.5 分析步骤

(1)标准曲线的绘制。

分别吸取前文配制的 NO_3^- 标准溶液 0.10mL、0.30mL、0.50mL、1.00mL、1.50mL 于 10mL 比色管中,用蒸馏水稀释至刻度处,摇匀。以蒸馏水为参照对比,在 219nm 波长处,使用 1cm 石英比色皿测吸光度,以吸光度为纵坐标、NO_3^- 含量为横坐标绘制工作曲线。标样浓度分别为 1.00mg/L、3.00mg/L、5.00mg/L、10.00mg/L、15.00mg/L。

(2)水样测定。

取水样 1.00mL 置于 10mL 具塞比色管中(相当于水样稀释 10 倍),加入蒸馏水定容到刻度线,再先后加入 0.2mL 盐酸溶液、0.60mL 5%氨基磺酸混匀。以蒸馏水作参照对比,用 1cm 石英比色皿于 219nm 和 275nm 波长处测吸光度。同样配置好的标准溶液也需要分别加入 0.2mL 盐酸溶液和 0.60mL 5%氨基磺酸混匀。

1.6 结果计算

$$NO_3^- (mg/L) = (A_{219}^1 - m A_{275}^1) \cdot k \cdot n_1$$

式中:$(A_{219}^1 - m A_{275}^1)$——$NO_3^-$ 测定对应吸光度;

m——校正因子;

k——NO_3^- 工作曲线中斜率的倒数;

n_1——稀释倍数。

1.7 注意事项

(1)试剂氨基磺酸现配现用。

(2)校正因子一般取 3,但随时间、地区不同而有变化,以实际确定值为准。

(3)水样应呈中性或微酸性。

(4)若 275nm 波长处吸光度为负数,则不必代入计算。

2. 氨氮的测定

2.1 钠氏试剂法[水质 氨氮的测定 钠氏试剂分光光度法(HJ 535—2009)]

警告:二氯化汞($HgCl_2$)和碘化汞(HgI_2)为剧毒物质,避免经皮肤和口腔接触。

2.1.1 适用范围

本标准规定了测定水中氨氮的纳氏试剂分光光度法。

本标准适用于地表水、地下水、生活污水和工业废水中氨氮的测定。当水样体积为 50mL,使用 20mm 比色皿时,本方法的检出限为 0.025mg/L,测定下限为 0.10mg/L,测定上限为 2.0mg/L(均以 N 计)。

2.1.2 方法原理

以游离态的氨或铵离子等形式存在的氨氮与纳氏试剂反应生成淡红棕色络合物,该络合物的吸光度与氨氮含量呈正比,于波长 420nm 处测量吸光度。

2.1.3 干扰及消除

水样中含有悬浮物、余氯、钙镁等金属离子、硫化物和有机物时会产生干扰,含有此类物质时要作适当处理,以消除对测定的影响。

若样品中存在余氯,可加入适量的硫代硫酸钠溶液去除,用淀粉-碘化钾试纸检验余氯是否除尽。在显色时加入适量的酒石酸钾钠溶液,可消除钙镁等金属离子的干扰。若水样浑浊或有颜色时可用预蒸馏法或絮凝沉淀法处理。

2.1.4 试剂和材料

除非另有说明,分析时所用试剂均使用符合国家标准的分析纯化学试剂,实验用水按 2.1.4.1 制备,使用经过检定的容量器皿和量器。

2.1.4.1 无氨水

在无氨环境中用下述方法之一制备。

(1)离子交换法。蒸馏水通过强酸性阳离子交换树脂(氢型)柱,将流出液收集在带有磨口玻璃塞的玻璃瓶内。每升流出液加 10g 同样的树脂,以利于保存。

(2)蒸馏法。在 1000mL 的蒸馏水中,加 0.1mL 硫酸($\rho=1.84$g/mL),在全玻璃蒸馏器中重蒸馏,弃去前 50mL 馏出液,然后将约 800mL 馏出液收集在带有磨口玻璃塞的玻璃瓶内。每升馏出液加 10g 强酸性阳离子交换树脂(氢型)。

(3)纯水器法。用市售纯水器直接制备。

2.1.4.2 轻质氧化镁(MgO)

不含碳酸盐,在 500℃下加热氧化镁,以除去碳酸盐。

2.1.4.3 盐酸 $\rho(HCl)=1.18$g/mL。

2.1.4.4 纳氏试剂

可选择下列方法中的一种配制。

(1)二氯化汞-碘化钾-氢氧化钾($HgCl_2$-KI-KOH)溶液。

称取 15.0g 氢氧化钾(KOH),溶于 50mL 水中,冷至室温。

称取 5.0g 碘化钾(KI),溶于 10mL 水中,在搅拌下,将 2.50g 二氯化汞($HgCl_2$)粉末分多次加入碘化钾溶液中,直到溶液呈深黄色或出现淡红色沉淀溶解缓慢时,充分搅拌混和,并改为滴加二氯化汞饱和溶液,当出现少量朱红色沉淀不再溶解时,停止滴加。

在搅拌下,将冷却的氢氧化钾溶液缓慢地加入上述二氯化汞和碘化钾的混合液中,并稀释至 100mL,于暗处静置 24h,倾出上清液,存于聚乙烯瓶内,用橡皮塞或聚乙烯盖子盖紧,存放于暗处,可稳定 1 个月。

(2)碘化汞-碘化钾-氢氧化钠(HgI_2-KI-NaOH)溶液。

称取16.0g氢氧化钠(NaOH),溶于50mL水中,冷至室温。

称取7.0g碘化钾(KI)和10.0g碘化汞(HgI_2),溶于水中,然后将此溶缓慢加入上述50mL氢氧化钠溶液中,用水稀释至100mL。存于聚乙烯瓶内,用橡皮塞或聚乙烯盖子盖紧,存放于暗处,有效期1年。

2.1.4.5　酒石酸钾钠溶液,$\rho=500g/L$

称取50.0g酒石酸钾钠($KNaC_2H_2O_2 \cdot 4H_2O$)溶于100mL水中,加热煮沸以驱除氨,充分冷却后稀释至100mL。

2.1.4.6　硫代硫酸钠溶液,$\rho=3.5g/L$

称取3.5g硫代硫酸钠($Na_2S_2O_2$)溶于水中,稀释至1000mL。

2.1.4.7　硫酸锌溶液,$\rho=100g/L$

称取10.0g硫酸锌($ZnSO_2 \cdot 7H_2O$)溶于水中,稀释至100mL。

2.1.4.8　氢氧化钠溶液,$\rho=250g/L$

称取25g氢氧化钠溶于水中,稀释至100mL。

2.1.4.9　氢氧化钠溶液,$c(NaOH)=1mol/L$

称取4g氢氧化钠溶于水中,稀释至100mL。

2.1.4.10　盐酸溶液,$c(HCl)=1mol/L$

取8.5mL盐酸[$\rho(HCl)=1.18g/mL$]于100mL容量瓶中,用水稀释至标线。

2.1.4.11　硼酸(H_2BO_2)溶液,$\rho=20g/L$

称取20g硼酸溶于水,稀释至1L。

2.1.4.12　溴百里酚蓝指示剂(bromthymol blue),$\rho=0.5g/L$

称取0.05g溴百里酚蓝溶于50mL水中,加入10mL无水乙醇,用水稀释至100mL。

2.1.4.13　淀粉-碘化钾试纸

称取1.5g可溶性淀粉于烧杯中,用少量水调成糊状,加入200mL沸水,搅拌混匀,放冷。

加0.50g碘化钾(KI)和0.50g碳酸钠(Na_2CO_2),用水稀释至250mL。将滤纸条浸渍后,取出晾干,于棕色瓶中密封保存。

2.1.4.14　氨氮标准溶液

(1)氨氮标准储备溶液,$\rho_x=1000\mu g/mL$。

称取3.819 0g氯化铵(NH_2Cl,优级纯,在100~105℃干燥2h),溶于水中,移入1000mL容量瓶中,稀释至标线,可在2~5℃保存1个月。

(2)氨氮标准工作溶液,$\rho_v=10\mu g/mL$。

吸取5.00mL氨氮标准储备溶液($\rho_x=1000\mu g/mL$)于500mL容量瓶中,稀释至刻度,临用前配制。

2.1.5 仪器和设备

(1)可见分光光度计:具 20mm 比色皿。

(2)氨氮蒸馏装置:由 500mL 凯氏烧瓶、氮球、直形冷凝管和导管组成,冷凝管末端可连接一段适当长度的滴管,使出口尖端浸入吸收液液面下。亦可使用 500mL 蒸馏烧瓶。

2.1.6 样品采集与保存

水样采集在聚乙烯瓶或玻璃瓶内,要尽快分析。如需保存,应加硫酸使水样酸化至 pH<2,2~5℃下可保存 7d。

(1)除余氯。

若样品中存在余氯,可加入适量的硫代硫酸钠溶液(2.1.4.6)去除。每加 0.5mL 可去除 0.25mg 余氯。用淀粉-碘化钾试纸(2.1.4.13)检验余氯是否除尽。

(2)絮凝沉淀。

100mL 样品中加入 1mL 硫酸锌溶液(2.1.4.7)和 0.1~0.2mL 氢氧化钠溶液(2.1.4.8),调节 pH 约为 10.5,混匀,放置使之沉淀,倾取上清液分析。必要时,用经水冲洗过的中速滤纸过滤,弃去初滤液 20mL。也可对絮凝后样品进行离心处理。

(3)预蒸馏。

将 50mL 硼酸溶液(2.1.4.11)移入接收瓶内,确保冷凝管出口在硼酸溶液液面之下。分取 250mL 样品,移入烧瓶中,加几滴溴百里酚蓝指示剂(2.1.4.12),必要时,用氢氧化钠溶液(2.1.4.9)或盐酸溶液(2.1.4.10)调整 pH 至 6.0(指示剂呈黄色)~7.4(指示剂呈蓝色),加入 0.25g 轻质氧化镁(2.1.4.2)及数粒玻璃珠,立即连接氮球和冷凝管。加热蒸馏,使馏出液速率约为 10mL/min,待馏出液达 200mL 时,停止蒸馏,加水定容至 250mL。

2.1.7 分析步骤

(1)校准曲线。

在 8 个 50mL 比色管中,分别加入 0.00mL、0.50mL、1.00mL、2.00mL、4.00mL、6.00mL、8.00mL 和 10.00mL 氨氮标准工作溶液[(2.1.4.14(2)],它们所对应的氨氮含量分别为 0.0μg、5.0μg、10.0μg、20.0μg、40.0μg、60.0μg、80.0μg 和 100μg,加水至标线。加入 1.0mL 酒石酸钾钠溶液(2.1.4.5),摇匀,再加入纳氏试剂 1.5mL[2.1.4.4(1)]或 1.0mL[2.1.4.4(2)],摇匀。放置 10min 后,在波长 420nm 下,用 20mm 比色皿,以水作参照对比,测量吸光度。以空白校正后的吸光度为纵坐标,以其对应的氨氮含量(μg)为横坐标,绘制校准曲线。

注:根据待测样品的浓度也可选用 10mm 比色皿。

(2)样品测定。

清洁水样:直接取 50mL,按与校准曲线相同的步骤测量吸光度。

有悬浮物或色度干扰的水样：取经预处理的水样 50mL（若水样中氨氮浓度超过 2mg/L，可适当少取水样体积），按与校准曲线相同的步骤测量吸光度。

注：经蒸馏或在酸性条件下煮沸方法预处理的水样，须加一定量氢氧化钠溶液（2.1.4.9），调节水样至中性，用水稀释至 50mL 标线，再按与校准曲线相同的步骤测量吸光度。

（3）空白试验。

用水代替水样，按与样品相同的步骤进行前处理和测定。

2.1.8 结果计算

水中氨氮的浓度按以下公式计算：

$$\rho_N = \frac{A_s - A_b - a}{b \times V}$$

式中：ρ_N——水样中氨氮的质量浓度（以 N 计），mg/L；

A_s——水样的吸光度；

A_b——空白试验的吸光度；

a——校准曲线的截距；

b——校准曲线的斜率；

V——试料体积，mL。

2.1.9 准确度和精密度

氨氮浓度为 1.21mg/L 的标准溶液，重复性限为 0.028mg/L，再现性限为 0.075mg/L，回收率在 94%～104%之间。

氨氮浓度为 1.47mg/L 的标准溶液，重复性限为 0.024mg/L，再现性限为 0.066mg/L，回收率在 95%～105%之间。

2.1.10 质量保证和质量控制

（1）试剂空白的吸光度应不超过 0.030（10mm 比色皿）。

（2）纳氏试剂的配制。为了保证纳氏试剂有良好的显色能力，配制时务必控制 $HgCl_2$ 的加入量，至微量 HgI_2 红色沉淀不再溶解时为止。配制 100mL 纳氏试剂所需 $HgCl_2$ 与 KI 的用量之比约为 2.3∶5。在配制时为了加快反应速度、节省配制时间，可低温加热，防止 HgI_2 红色沉淀的提前出现。

（3）酒石酸钾钠的配制。纯酒石酸钾钠铵盐含量较高时，仅加热煮沸或加纳氏试剂沉淀不能完全除去氨。此时可加入少量氢氧化钠溶液，煮沸蒸发掉溶液体积的 20%～30%，冷却后用无氨水稀释至原体积。

（4）絮凝沉淀。滤纸中含有一定量的可溶性铵盐，定量滤纸中可溶性铵盐的含量高于定性滤纸的，建议采用定性滤纸过滤，过滤前用无氨水少量多次淋洗（一般为 100mL），这样可减少或避免滤纸引入的测量误差。

(5) 水样的预蒸馏。蒸馏过程中,某些有机物很可能与氨同时馏出,对测定有干扰,其中有些物质(如甲醛)可以在酸性条件(pH<1)下煮沸除去。在蒸馏刚开始时,氨气蒸出速度较快,加热不能过快,否则会造成水样暴沸,馏出液温度升高,氨吸收不完全。馏出液速率应保持在 10mL/min 左右。

(6) 蒸馏器清洗。向蒸馏烧瓶中加入 350mL 水,加数粒玻璃珠,装好仪器,蒸馏到至少收集 100mL 水,将馏出液及瓶内残留液弃去。

注:如用 10mL 的比色管,相应的试剂取量均为 50mL 的 1/5。

2.2 水杨酸法[水质 氨氮的测定 水杨酸分光光度法(HJ 536—2009)]

2.2.1 适用范围

本标准规定了测定水中氨氮的水杨酸分光光度法。

本标准适用于地下水、地表水、生活污水和工业废水中氨氮的测定。

当取样体积为 8.0mL,使用 10mm 比色皿时,检出限为 0.01mg/L,测定下限为 0.04mg/L,测定上限为 1.0mg/L(均以 N 计)。

当取样体积为 8.0mL,使用 30mm 比色皿时,检出限为 0.004mg/L,测定下限为 0.016mg/L,测定上限为 0.25mg/L(均以 N 计)。

2.2.2 方法原理

在碱性介质(pH 为 11.7)和亚硝基铁氰化钠存在的情况下,水中的氨、铵离子与水杨酸盐和次氯酸离子反应生成蓝色化合物,在 697nm 处用分光光度计测量吸光度。

2.2.3 干扰及消除

本方法用于水样分析时可能遇到的干扰物质及限量,详见附录二。

苯胺和乙醇胺产生的严重干扰不多见,干扰通常由伯胺产生。氯胺、过高的酸碱度和含有使次氯酸根离子还原的物质时也会产生干扰。

如果水样的颜色过深、含盐量过多,酒石酸钾盐对水样中的金属离子掩蔽能力不够,或水样中存在高浓度的钙、镁和氯化物时,需要预蒸馏。

2.2.4 试剂和材料

除非另有说明,分析时所用试剂均使用符合国家标准的分析纯化学试剂,实验用水为按 2.4.4.1 制备的水。

2.4.4.1 无氨水

在无氨环境中用下述方法之一制备。

(1) 离子交换法。蒸馏水通过强酸性阳离子交换树脂(氢型)柱,将流出液收集在带有磨口玻璃塞的玻璃瓶内,每升流出液加 10g 同样的树脂,以利于保存。

(2) 蒸馏法。在 1000mL 的蒸馏水中,加 0.10mL 硫酸(2.4.4.3),在全玻璃蒸馏器中重蒸馏,弃去前 50mL 馏出液,然后将约 800mL 馏出液收集在带有磨口玻璃塞的玻璃瓶内。每升馏出液加 10g 强酸性阳离子交换树脂(氢型)。

(3)纯水器法。用市售纯水器临用前制备。

2.4.4.2　乙醇，$\rho=0.79 \text{g/mL}$。

2.4.4.3　硫酸，$\rho(H_2SO_4)=1.84 \text{g/mL}$。

2.4.4.4　轻质氧化镁(MgO)不含碳酸盐，在500℃下加热氧化镁，以除去碳酸盐。

2.4.4.5　硫酸吸收液，$c(H_2SO_4)=0.01 \text{mol/L}$。量取7.0mL硫酸(2.4.4.3)加入水中，稀释至250mL。临用前取10mL，稀释至500mL。

2.4.4.6　氢氧化钠溶液，$c(NaOH)=2 \text{mol/L}$。称取8g氢氧化钠溶于水中，稀释至100mL。

2.4.4.7　显色剂(水杨酸-酒石酸钾钠溶液)。称取50g水杨酸[$C_6H_4(OH)COOH$]，加入约100mL水，再加入160mL氢氧化钠溶液(2.4.4.6)，搅拌使之完全溶解；再称取50g酒石酸钾钠($KNaC_4H_6O_6 \cdot 4H_2O$)，溶于水中，与上述溶液合并移入1000mL容量瓶中，加水稀释至标线。储存于加橡胶塞的棕色玻璃瓶中，此溶液可稳定1个月。

2.4.4.8　次氯酸钠。可购买商品试剂，亦可自己制备，详细的制备方法见附录一。存放于塑料瓶中的次氯酸钠，使用前应标定其有效氯浓度和游离碱浓度(以NaOH计)，标定方法见附录二和附录三。

2.4.4.9　次氯酸钠使用液，$\rho(有效氯)=3.5 \text{g/L}$，$c(游离碱)=0.75 \text{mol/L}$。取经标定的次氯酸钠(2.4.4.8)，用水和氢氧化钠溶液(2.4.4.6)稀释成含有效氯浓度3.5g/L、游离碱浓度0.75mol/L(以NaOH计)的次氯酸钠使用液，存放于棕色滴瓶内，本试剂可稳定1个月。

2.4.4.10　亚硝基铁氰化钠溶液，$\rho=10 \text{g/L}$。称取0.1g亚硝基铁氰化钠{$Na_2[Fe(CN)_5NO] \cdot 2H_2O$}置于10mL具塞比色管中，加水至标线。本试剂可稳定1个月。

2.4.4.11　清洗溶液。将100g氢氧化钾溶于100mL水中，溶液冷却后加900mL乙醇(2.4.4.2)，储存于聚乙烯瓶内。

2.4.4.12　溴百里酚蓝指示剂(bromthymol blue)，$\rho=0.5 \text{g/L}$。称取0.05g溴百里酚蓝溶于50mL水中，加入10mL乙醇(2.4.4.2)，用水稀释至100mL。

2.4.4.13　氨氮标准储备液，$\rho_N=1000 \mu\text{g/mL}$。称取3.819 0g氯化铵($NH_4Cl$，优级纯，在100～105℃干燥2h)，溶于水中，移入1000mL容量瓶中，稀释至标线。此溶液可稳定1个月。

2.4.4.14　氨氮标准中间液，$\rho_N=100 \mu\text{g/mL}$。吸取10.00mL氨氮标准储备液(2.4.4.13)于100mL容量瓶中，稀释至标线。此溶液可稳定1周。

2.4.4.15　氨氮标准使用液，$\rho_N=1 \mu\text{g/mL}$。吸取10.00mL氨氮标准中间液(2.4.4.14)于1 000mL容量瓶中，稀释至标线。临用现配。

2.2.5 仪器和设备

(1)可见分光光度计:10～30mm 比色皿。

(2)滴瓶:其滴管滴出液体积,20 滴相当于 1mL。

(3)氨氮蒸馏装置:由 500mL 凯氏烧瓶、氮球、直形冷凝管和导管组成。冷凝管末端可连接一段适当长度的滴管,使出口尖端浸入吸收液液面下。亦可使用蒸馏烧瓶。

(4)实验室常用玻璃器皿:所有玻璃器皿均应用清洗溶液(2.4.4.11)仔细清洗,然后用水冲洗干净。

2.2.6 样品

(1)样品采集与保存。水样采集在聚乙烯瓶或玻璃瓶内,要尽快分析。如需保存,应加硫酸使水样酸化至 pH<2,2～5℃下,可保存 7d。

(2)水样的预蒸馏。将 50mL 硫酸吸收液(2.4.4.5)移入接收瓶内,确保冷凝管出口在硫酸溶液液面之下。分取 250mL 水样(如氨氮含量高,可适当少取,加水至 250mL)移入烧瓶中,加几滴溴百里酚蓝指示剂(2.4.4.12),必要时,用氢氧化钠溶液(2.4.4.6)或硫酸溶液(2.4.4.5)调整 pH 至 6.0(指示剂呈黄色)～7.4(指示剂呈蓝色),加入 0.25g 轻质氧化镁(2.4.4.4)及数粒玻璃珠,立即连接氮球和冷凝管。加热蒸馏,使馏出液速率约为 10mL/min,待馏出液达 200mL 时,停止蒸馏,加水定容至 250mL。

2.2.7 分析步骤

(1)校准曲线用 10mm 比色皿测定时,按附表 1.1 制备标准系列。

附表 1.1　标准系列(10mm 比色皿)

管号	0	1	2	3	5	6
溶液(2.4.4.15)/mL	0.00	1.00	2.00	4.00	6.00	8.00
氨氮含量/μg	0.00	1.00	2.00	4.00	6.00	8.00

用 30mm 比色皿测定时,按附表 1.2 制备标准系列。

附表 1.2　标准系列(30mm 比色皿)

管号	0	1	2	3	5	6
溶液(2.4.4.15)/mL	0.00	0.40	0.80	1.20	1.60	2.00
氨氮含量/μg	0.00	1.00	2.00	4.00	6.00	8.00

根据附表 1.1 或附表 1.2,取 6 支 10mL 比色管,分别加入上述氨氮标准使用液(2.4.4.15),用水稀释至 8.00mL,按下文步骤测量吸光度。以扣除空白的吸光度为纵坐

标,以其对应的氨氮含量(μg)为横坐标绘制校准曲线。

(2)样品测定。取水样或经过预蒸馏的试料 8.00mL(当水样中氨氮质量浓度高于 1.0mg/L 时,可适当稀释后取样)于 10mL 比色管中。加入 1.00mL 显色剂(2.4.4.7)和 2 滴亚硝基铁氰化钠(2.4.4.10),混匀。再滴入 2 滴次氯酸钠使用液(2.4.4.9)并混匀,加水稀释至标线,充分混匀。显色 60min 后,在 697nm 波长处,用 10mm 或 30mm 比色皿,以水为参照对比测量吸光度。

(3)空白试验。以水代替水样,按与样品分析相同的步骤进行预处理和测定。

2.2.8 结果表示

水样中氨氮的质量浓度按以下公式计算:

$$\rho_N = \frac{A_s - A_b - a}{b \times V} \times D$$

式中:ρ_N——水样中氨氮的质量浓度(以 N 计),mg/L;

A_s——样品的吸光度;

A_b——空白试验的吸光度;

a——校准曲线的截距;

b——校准曲线的斜率;

V——所取水样的体积,mL;

D——水样的稀释倍数。

2.2.9 准确度和精密度

标准样品和实际样品的准确度和精密度见附表 1.3。

附表 1.3 标准样品和实际样品的准确度和精密度

样品	氨氮质量浓度 ρ_N/(mg·L^{-1})	重复次数	标准偏差	相对标准偏差/%	相对误差/%
标准样品 1	0.477	10	0.014	2.94	2.4
标准样品 2	0.839	10	0.013	1.55	1.6
地表水	0.277	10	0.010	3.61	—
污水	4.69	10	0.053	1.13	—

注:来自一个实验室数据。

2.2.10 质量保证和质量控制

(1)试剂空白的吸光度应不超过 0.030(光程 10mm 比色皿)。

(2)水样的预蒸馏。蒸馏过程中,某些有机物很可能与氨同时馏出,对测定有干扰,其中有些物质(如甲醛)可以在酸性条件(pH<1)下煮沸除去。在蒸馏刚开始时,氨气蒸出速度较快,加热不能过快,否则造成水样暴沸,馏出液温度升高,氨吸收不完全。馏出

液速率应保持在 10mL/min 左右。部分工业废水,可加入石蜡碎片等作防沫剂。

(3)蒸馏器的清洗。向蒸馏烧瓶中加入 350mL 水,加数粒玻璃珠,装好仪器,蒸馏到至少收集 100mL 水,将馏出液及瓶内残留液弃去。

(4)显色剂的配制。若水杨酸未能全部溶解,可再加入数毫升氢氧化钠溶液(2.4.4.6),直至完全溶解为止,并用 1mol/L 的硫酸调节溶液的 pH 在 6.0～6.5 之间。

附录 A(规范性附录)
次氯酸钠溶液的制备方法及其有效氯浓度和游离碱浓度的标定

A.1　次氯酸钠溶液的制备方法

将盐酸($\rho=1.19$g/mL)逐滴作用于高锰酸钾固体,将逸出的氯气导入 2mol/L 氢氧化钠吸收液中吸收,生成淡草绿色的次氯酸钠溶液,存放于塑料瓶中。因该溶液不稳定,使用前应标定其有效氯浓度。

A.2　次氯酸钠溶液中有效氯含量的测定

吸取 10.0mL 次氯酸钠(2.4.4.8)于 100mL 容量瓶中,加水稀释至标线,混匀。移取 10.0mL 稀释后的次氯酸钠溶液于 250mL 碘量瓶中,加入蒸馏水 40mL、碘化钾 2.0g,混匀。再加入 6mol/L 硫酸溶液 5mL,密塞,混匀。置暗处 5min 后,用 0.10mol/L 硫代硫酸钠溶液滴至淡黄色,加入约 1mL 淀粉指示剂,继续滴至蓝色消失为止。其有效氯质量浓度按以下公式计算:

$$\text{有效氯}(g/L,\text{以 Cl}_2 \text{ 计}) = \frac{c \times V \times 35.45}{10.0} \times \frac{100}{10}$$

式中:c——硫代硫酸钠溶液的浓度,mol/L;

V——滴定时消耗硫代硫酸钠溶液的体积,mL;

35.45——有效氯的摩尔质量($1/2Cl_2$),g/mol。

A.3　次氯酸钠溶液中游离碱(以 NaOH 计)的测定

A.3.1　盐酸溶液的标定

碳酸钠标准溶液:$c(1/2Na_2CO_3)=0.1000$mol/L。称取经 180℃ 干燥 2h 的无水碳酸钠 2.6500g,溶于新煮沸放冷的水中,移入 500mL 容量瓶中,稀释至标线。

甲基红指示剂:$\rho=0.5$g/L。称取 50mg 甲基红溶于 100mL 乙醇(2.4.4.2)中。

盐酸标准滴定溶液:$c(HCl)=0.10$mol/L。取 8.5mL 盐酸($\rho=1.19$g/L)于 1000mL 容量瓶中,用水稀释至标线。标定方法:移取 25.00mL 碳酸钠标准溶液于 150mL 椎形瓶中,加 25mL 水和 1 滴甲基红指示剂,用盐酸标准滴定溶液滴定至淡红色为止。用以下公式计算盐酸的浓度：

$$c(\mathrm{HCl}) = \frac{c_1 \times V_1}{V_2}$$

式中：$c(\mathrm{HCl})$——盐酸标准滴定溶液的浓度，mol/L；

c_1——碳酸钠标准溶液的浓度，mol/L；

V_1——碳酸钠标准溶液的体积，mL；

V_2——盐酸标准滴定溶液的体积，mL。

A.3.2 次氯酸钠溶液中游离碱的测定

吸取次氯酸钠(2.4.4.8)1.0mL于150mL锥形瓶中，加20mL水，以酚酞作指示剂，用0.10mol/L盐酸标准滴定溶液滴定至红色消失为止。如果终点的颜色变化不明显，可在滴定后的溶液中加1滴酚酞指示剂，若颜色仍显红色，则继续用盐酸标准滴定溶液滴至无色。

$$\text{游离碱的浓度(mol/L，以 NaOH 计)} = \frac{c(\mathrm{HCl}) \times v(\mathrm{HCl})}{V}$$

式中：$c(\mathrm{HCl})$——盐酸标准滴定溶液的浓度，mol/L；

$v(\mathrm{HCl})$——滴定时消耗的盐酸溶液的体积，mL；

V——滴定时吸取的次氯酸钠溶液的体积，mL。

3. 亚硝酸根的测定[N－(1－萘基)－胺光法，ISO 6777—1984]

3.1 适用范围

本方法用分光光度法测定饮用水、地下水、地面水及废水中的亚硝酸盐氮。

测定上限，当试剂取最大体积(50mL)时，用本方法可以测定的亚硝酸盐氮浓度高达0.20mg/L。

3.2 方法原理

在pH<1.7时，亚硝酸盐和对氨基苯磺酸反应生成重氮盐，与N－(1－萘基)乙二胺偶联生成红色染料，于540nm波长处测量吸光度，根据试样吸光度和亚硝酸盐浓度呈正比的关系，即可进行测量。

3.3 仪器

紫外分光光度计、10mL比色管、比色皿。

3.4 试剂

(1)亚硝酸盐标准储备液(1.000mg/mL)：标准称取1.499 8g亚硝酸钠(干燥器中干燥24h)溶于水，并定容至1000mL。

(2)亚硝酸盐标准使用液(10μg/mL)：标准吸取5.00mL亚硝酸盐标准储备液于500mL容量瓶中，用水稀释至刻度。使用时稀释配制，即10mg/L。

(3)盐酸溶液(1+6)：量取50mL浓盐酸加入300mL水中，摇匀。

(4)对氨基苯磺酸溶液(10g/L):称取5g的对氨基苯磺酸,溶于[3.4(3)]配制的盐酸溶液中,用水稀释至500mL,此溶液可以稳定保持数月。

(5)N-(1-萘基)-乙二胺(1g/L):称取0.5g的N-(1-萘基)乙二胺溶于500mL水中,储存于棕色瓶中,在冰箱里保存。溶液可在冰箱中保存数周,如变成深棕色则弃去重配。

3.5 分析步骤

(1)标准曲线的绘制。

在50mL比色管中分别加入0.00mL、1.00mL、2.50mL、5.00mL、10.00mL、20.00mL亚硝酸盐氮标准使用液,用水稀释至标线。各加入1mL对氨基苯磺酸溶液,摇匀后放置2~8min,加入1mL的N-(1-萘基)-乙二胺,摇匀,以水做参照对比,在540nm波长处测量吸光度,绘制标准曲线。标样浓度分别为0.00mg/L、0.20mg/L、0.50mg/L、1.00mg/L、2.00mg/L、4.00mg/L。

或者在10mL比色管中分别加入0.00mL、0.20mL、0.50mL、1.00mL、2.00mL、4.00mL亚硝酸盐氮标准使用液,用水稀释至标线,各加入0.2mL对氨基苯磺酸溶液,摇匀后放置2~8min,加入0.2mL的N-(1-萘基)-乙二胺,摇匀,以水做参照对比,在540nm波长处测量吸光度,绘制标准曲线。

(2)样品测定。

取2mL水样至10mL比色管中,加水稀释至标线,加入0.2mL对氨基苯磺酸溶液,摇匀后放置2~8min,加入1mL的N-(1-萘基)-乙二胺,摇匀,在540nm波长处测量吸光度,从标准曲线上查出亚硝酸盐的含量。

3.6 分析结果的表述

水样中亚硝酸盐浓度以mg/L表示,计算如下:

$$C = M \times n$$

式中:C——水样中亚硝酸盐浓度,mg/L;

M——标准曲线上查得的亚硝酸盐含量,mg/L;

n——稀释倍数。

附录二　地下水环境现状评价方法

不同的评价方法可能得出不同的评价结果,至今还没有一个统一的评价模型,目前常用的方法包括综合污染指数法、系统聚类分析法、模糊数学法、人工神经网络分析法、灰色聚类分析法等。本书主要介绍综合污染指数法。

地下水污染程度主要取决于地下水中污染物的种类、浓度和性质等,这些具有不同量纲的量很难进行比较。综合污染指数法就是把具有不同量纲的量进行标准化处理,换算成某一统一量纲的指数(各项污染指数),使其具有可比性,然后进行数学上的归纳和统计,得出一个较简单的数值(综合污染指数),用它代表地下水的污染程度,并以此作为地下水污染分级和分类的依据。

(一)分项污染指数计算

分项污染指数是污染物在地下水中的实测浓度与评价标准的允许值之比,其计算可分为以下 3 种情况。

(1)对于随着污染物浓度的增加,对环境的危害程度增加,即有上限环境质量标准值的情况,其分项污染指数计算公式为

$$P_i = \frac{C_i}{C_{0i}}$$

式中:P_i——某污染物分项污染指数;

　　　C_i——污染物实测浓度;

　　　C_{0i}——某污染物的评价标准。

(2)对于随着污染物浓度的增加,对地下水的危害程度减小,即有下限环境标准值的情况,其分项污染指数计算公式为

$$P_i = \left| \frac{C_{t,\max} - C_i}{C_{t,\max} - C_{0i}} \right|$$

式中:$C_{t,\max}$——第 i 种污染物在地下水中的最大浓度;其他符号意义同前。

(3)对污染物的浓度只允许在一定范围内,过高或过低对环境都有危害的情况,其分项污染指数计算公式为

$$P_i = \left| \frac{C_i - \overline{C_{0i}}}{C_{oi}^{\max} - C_{oi}^{\min}} \right|$$

式中:$\overline{C_{0i}}$——第 i 种污染物在地下水中允许值区间的中间值;

$C_{oi}^{\max}, C_{oi}^{\min}$——第 i 种污物评价标准中允许的最高或最低浓度。

分项污染指数表征了单一污染物对地下水产生等效影响的程度,P_i 越大,说明该污染物污染程度越高。在受污染的地下水中常含有多种污染物,因而用分项污染指数评价水质污染是不够全面的,对不同的污染地下水也很难对比。为此,有必要采用综合污染指数进行地下水污染的评价。

(二)单综合污染指数法

综合污染指数依计算方法的不同有多种类型,常用于地下水污染评价的综合污染指数有以下一些类型。

1. 叠加型综合污染指数

叠加型综合污染指数包括简单叠加型和加权叠加型两类。简单叠加型综合污染指数计算公式为

$$P = \sum_{i=1}^{n} P_i \sum_{i=1}^{n} \frac{C_i}{C_{0i}}$$

式中:P——综合污染指数;

n——参加评价污染物的种类;其他符号意义同前。

由于地下水中不同污染物所起的危害作用各不相同,用上述简单叠加型综合污染指数表示污染程度很不合理,它掩盖了含量虽少但危害大的物质的作用。为了反映污染物的危害差别,有人提出采用加权的方法来求和,危害小的给予轻权,危害大的给予加重权。加权叠加型综合污染指数的计算公式为

$$P = \sum_{i=1}^{n} w_i P_i = \sum_{i=1}^{n} w_i \frac{C_i}{C_{0i}}$$

式中:w_i——第 i 种污染物的权重;其他符号意义同前。

2. 均值型综合污染指数

由于所选择的评价因子数不同,叠加型污染指数计算结果差异较大,为避免这个问题,可选用均值型综合污染指数。

加权均值型综合污染指数计算公式为

$$P = \frac{1}{n} \sum_{i=1}^{n} P_i = \frac{1}{n} \sum_{i=1}^{n} w_i \frac{C_i}{C_{0i}}$$

式中符号意义同前。

3. 极值型综合污染指数

在计算污染物分指数时,往往某种污染物超标倍数很高,而其他若干污染物都不超标,平均状况也不超标,实际上某种污染物超标就会造成对环境的危害。极值型综合污染指数包括 Nemerow 指数、再次平均型指数、几何平均型指数等,其特点是既考虑了污

染物的平均浓度,又兼顾了浓度最大的污染物对地下水污染的影响。Nemerow 指数计算公式为

$$P = \sqrt{\frac{(P_i)_{\max}^2 + (\overline{P_i})^2}{2}} = \sqrt{\frac{\frac{C_i}{C_{0i}} + \frac{1}{n}\left(\frac{C_i}{C_{0i}}\right)}{2}}$$

式中:$(P_i)_{\max}$——各项污染指数中污染指数 P_i 的最大值;

$\overline{P}$——各项污染指数的平均值;其他符号意义同前。

再次平均型指数计算公式为

$$P = \frac{(P_i)_{\max} + \overline{P_i}}{2}$$

式中符号意义同前。

几何平均型指数计算公式为

$$P = \sqrt{(P_i)_{\max} \overline{P_i}}$$

综合污染指数反映地下水的污染程度,综合污染指数越大,说明地下水污染越严重。各综合污染指数具体的指标分级界线依据研究区地下水中污染物的类型、浓度等确定,附表 2.1 列出参考数据。

附表 2.1　各综合污染指数分级标准参考数据

方法		级别						案例研究区
		Ⅰ	Ⅱ	Ⅲ	Ⅳ	Ⅴ	Ⅵ	
叠加型	简单叠加	<0.2	0.2~0.5	0.5~0.9	0.9~2.5	2.5~5.0	>5.0	北京市西郊
	加权叠加	<0.4	0.4~1.0	1.0~2.5	2.5~5.0	5.0~10.0	>10.0	吉郊市
均值型	均权均值	<0.2	0.2~0.4	0.4~0.7	0.7~1.0	1.0~2.0	>2.0	长春市
	加权均值	<0.5	0.5~1.0	1.0~1.5	1.5~2.0	2.0~5.0	>5.0	南京市
极值型	再次平均	1.0	1.0~1.5	1.5~3.0	3.0~5.0	5.0~8.0	>8.0	石家庄市
	Nemerow 指数	<0.1	0.1~0.25	0.25~0.5	0.5~2.0	2.0~3.0	>3.0	太原市
	几何平均	<0.6	0.6~0.9	0.9~1.2	1.2~2.4	2.4~4.0	>4.0	尖山铁矿区

(三)双综合污染指数法

使用单综合污染指数评价地下水污染程度不能反映某些污染物对地下水的突出影响,尽管极值型综合污染指数试图克服这个缺陷,但效果仍不理想。而用双综合污染指数,既可根据 P 值判断各污染参数指数大小的一般情况,又可根据综合污染指数的方差 P_σ^2 反映污染参数一个分指数较大、其他分指数均较小的特殊情况。双综合污染指数的计算公

式为

$$\begin{cases} P = \sum_{i=1}^{m} P_i \\ P_\sigma^2 = \sum_{i=1}^{m} w_i (P_i - P)^2 \end{cases}$$

式中：P_σ^2——综合污染指数的方差；其他符号意义同前。

综合污染指数反映各污染参数的平均污染状况，而其方差则反映污染参数分指数的离散程度。只有当 P 与 P_σ^2 同时很小时，才能认为水质没受污染。以上两个量中任何一个增大，都说明水质较差。地下水污染程度分级标准可参考附表 2.2。

附表 2.2　双综合污染指数分级标准参考数据

指标	分级						资料来源
	Ⅰ	Ⅱ	Ⅲ	Ⅳ	Ⅴ	Ⅵ	
P_σ^2	<0.6	0.6~1.0	1.0~1.3	1.3~1.6	1.6~2.8	>2.8	武汉市
	<0.2	0.2~1.0	1.0~1.5	1.5~2.5	2.5~7.0	>7.0	

（四）分类综合污染指数法

首先按地下水中污染物的类型或地下水的用途分为若干类型，分别计算各类的综合污染指数，然后采用加权叠加的方法计算总的综合污染指数，划分地下水的污染程度。

1. 按地下水中污染物类型分类

按地下水中污染物类型分类，可将地下水中污染物划分为 3 种类型。

(1) 无机类，包括硫酸盐、氯化物、硝酸态氮和亚硝酸态氮与氨态氮等。

(2) 有机类，包括有机污染物生化需氧量（BOD）、有机污染物总量（COD）、有机碳总量、油、苯、酚、氰、多环芳烃、洗涤剂等。

(3) 重金属类，包括铁、锰、汞、镉、铬、锌、铜、铅等。

分别计算各类污染物的综合污染指数，再采用下面的公式计算总的综合污染指数：

$$P_{总} = \sum_{i=1}^{m} w_i P_i$$

式中：w_i——各类污染物的权重；

P_i——各类污染物的综合污染指数；

m——类别数；

$P_{总}$——总的综合污染指数。

2. 按地下水的用途分类

地下水有多种用途,其评价标准也不同。将地下水按用途划分为 3 类:①人类直接接触用水,包括饮水、制造饮料用水等;②间接接触用水,包括渔业用水、农业用水等;③不接触用水,包括工业用水、冷却用水等。

按 3 类用途水质标准,分别计算综合污染指数,再计算总的综合污染指数。

附录三　地下水质量标准

ICS 13.060
Z 50

中华人民共和国国家标准

GB/T 14848—2017
代替 GB/T 14848—1993

地下水质量标准

Standard for groundwater quality

2017-10-14 发布　　　　　　　　　　　　　　　　2018-05-01 实施

中华人民共和国国家质量监督检验检疫总局
中国国家标准化管理委员会　　发布

目　次

前言 ·· 46

引言 ·· 47

1　范围 ·· 48

2　规范性引用文件 ·· 48

3　术语和定义 ·· 48

4　地下水质量分类及指标 ··· 49

5　地下水质量调查与监测 ··· 53

6　地下水质量评价 ··· 53

附录A（规范性附录）　地下水样品保存和送检要求 ····························· 54

附录B（资料性附录）　地下水质量检测指标推荐分析方法 ······················ 55

参考文献 ·· 60

前　言

本标准按照 GB/T 1.1—2009 给出的规则起草。

本标准代替 GB/T 14848—1993《地下水质量标准》，与 GB/T 14848—1993 相比，除编辑性修改外，主要技术变化如下：

——水质指标由 GB/T 14848—1993 的 39 项增加至 93 项，增加了 54 项；

——参照 GB/T 5749—2006《生活饮用水卫生标准》，将地下水质量指标划分为常规指标和非常规指标；

——感官性状及一般化学指标由 17 项增加至 20 项，增加了铝、硫化物和钠 3 项指标；用耗氧量替换了高锰酸盐指数。修改了总硬度、铁、锰、氨氮 4 项指标；

——毒理学指标中无机化合物指标由 16 项增加至 20 项，增加了硼、锑、银和铊 4 项指标；修改了亚硝酸盐、碘化物、汞、砷、镉、铅、铍、钡、镍、钴和钼 11 项指标；

——毒理学指标中有机化合物指标由 2 项增加至 49 项，增加了三氯甲烷、四氯化碳、1,1,1－三氯乙烷、三氯乙烯、四氯乙烯、二氯甲烷、1,2－二氯乙烷、1,1,2－三氯乙烷、1,2－二氯丙烷、三溴甲烷、氯乙烯、1,1－二氯乙烯、1,2－二氯乙烯、氯苯、邻二氯苯、对二氯苯、三氯苯（总量）、苯、甲苯、乙苯、二甲苯、苯乙烯、2,4－二硝基甲苯、2,6－二硝基甲苯、萘、蒽、荧蒽、苯并(b)荧蒽、苯并(a)芘、多氯联苯（总量）、γ－六六六（林丹）、六氯苯、七氯、莠去津、五氯酚、2,4,6－三氯酚、邻苯二甲酸二(2－乙基已基)脂、克百威、涕灭威、敌敌畏、甲基对硫磷、马拉硫磷、乐果、百菌清、2,4－滴、毒死蜱和草甘膦；滴滴涕和六六六分别用滴滴涕（总量）和六六六（总量）代替，并进行了修订；

——放射性指标中修订了总 α 放射性；

——修订了地下水质量综合评价的有关规定。

本标准由中华人民共和国国土资源部和水利部共同提出。

本标准由全国国土资源标准化技术委员会（SAC/TC 93）归口。

本标准主要起草单位：中国地质调查局、水利部水文局、中国地质科学院水文地质环境地质研究所、中国地质大学（北京）、国家地质实验测试中心、中国地质环境监测院、中国水利水电科学研究院、淮河流域水环境监测中心、海河流域水资源保护局、中国地质调查局水文地质环境地质调查中心、中国地质调查局沈阳地质调查中心、中国地质调查局南京地质调查中心、清华大学、中国农业大学。

本标准主要起草人：文冬光、孙继朝、何江涛、毛学文、林良俊、王苏明、刘菲、饶竹、荆继红、齐继祥、周怀东、吴培任、唐克旺、罗阳、袁浩、汪珊、陈鸿汉、李广贺、吴爱民、李重九、张二勇、王瑛、蔡五田、刘景涛、徐慧珍、朱雪琴、叶念军、王晓光。

本标准所代替标准的历次版本发布情况为：

——GB/T 14848—1993。

引 言

随着我国工业化进程加快,人工合成的各种化合物投入施用,地下水中各种化学组分正在发生变化;分析技术不断进步,为适应调查评价需要,进一步与升级的 GB 5749—2006 相协调,促进交流,有必要对 GB/T 14848—1993 进行修订。

GB/T 14848—1993 是以地下水形成背景为基础,适应了当时的评价需要。新标准结合修订的 GB 5749—2006、园土资源部近 20 年地下水方面的科研成果和国际最新研究成果进行了修订,增加了指标数量,指标由 GB/T 14848—1993 的 39 项增加至 93 项,增加了 54 项;调整了 20 项指标分类限值,直按采用了 19 项指标分类限值;减少了综合评价规定,使标准具有更广泛的应用性。

地下水质量标准

1 范围

本标准规定了地下水质量分类、指标及限值,地下水质量调查与监测,地下水质量评价等内容。

本标准适用于地下水质量调查、监测、评价与管理。

2 规范性引用文件

下列文件对于本文件的应用是必不可少的。凡是注日期的引用文件,仅注日期的版本适用于本文件。凡是不注日期的引用文件,其最新版本(包括所有的修改单)适用于本文件。

GB 5749—2006 生活饮用水卫生标准

GB/T 27025—2008 检测和校准实验室能力的通用要求

3 术语和定义

下列术语和定义适用于本文件。

3.1

地下水质量 groundwater quality

地下水的物理、化学和生物性质的总称。

3.2

常规指标 regular indices

反映地下水质量基本状况的指标,包括感官性状及一般化学指标、微生物指标、常见毒理学指标和放射性指标。

3.3

非常规指标 non-regular indices

在常规指标上的拓展,根据地区和时间差异或特殊情况确定的地下水质量指标,反映地下水中所产生的主要质量问题,包括比较少见的无机和有机毒理学指标。

3.4

人体健康风险 human health risk

地下水中各种组分对人体健康产生危害的概率。

4 地下水质量分类及指标

4.1 地下水质量分类

依据我国地下水质量状况和人体健康风险,参照生活饮用水、工业、农业等用水质量要求,依据各组分含量高低(pH除外),分为五类。

Ⅰ类:地下水化学组分含量低,适用于各种用途;

Ⅱ类:地下水化学组分含量较低,适用于各种用途;

Ⅲ类:地下水化学组分含量中等,以 GB 5749—2006 为依据,主要适用于集中式生活饮用水水源及工农业用水;

Ⅳ类:地下水化学组分含量较高,以农业和工业用水质量要求以及一定水平的人体健康风险为依据,适用于农业和部分工业用水,适当处理后可作生活饮用水;

Ⅴ类:地下水化学组分含量高,不宜作为生活饮用水水源,其他用水可根据使用目的选用。

4.2 地下水质量分类标准

地下水质量标准分为常规指标和非常规指标,其分类及限值分别见表1和表2。

表 1 地下水质量常规指标及限值

序号	指标	Ⅰ类	Ⅱ类	Ⅲ类	Ⅳ类	Ⅴ类
感官性状及一般化学指标						
1	色(铂钴色度单位)	≤5	≤5	≤15	≤25	>25
2	嗅和味	无	无	无	无	有
3	浑浊度/NTU[a]	≤3	≤3	≤3	≤10	>10
4	肉眼可见物	无	无	无	无	有
5	pH	6.5≤pH≤8.5			5.5≤pH<6.5 或 8.5<pH≤9.0	pH<5.5 或 pH>9.0
6	总硬度(以 $CaCO_3$ 计)/(mg/L)	≤150	≤300	≤450	≤650	>650
7	溶解性总固体/(mg/L)	≤300	≤500	≤1000	≤2000	>2000
8	硫酸盐/(mg/L)	≤50	≤150	≤250	≤350	>350
9	氯化物/(mg/L)	≤50	≤150	≤250	≤350	>350
10	铁/(mg/L)	≤0.1	≤0.2	≤0.3	≤2.0	>2.0
11	锰/(mg/L)	≤0.05	≤0.05	≤0.10	≤1.50	>1.50
12	铜/(mg/L)	≤0.01	≤0.05	≤1.00	≤1.50	>1.50

续表 1

序号	指标	Ⅰ类	Ⅱ类	Ⅲ类	Ⅳ类	Ⅴ类
13	锌/(mg/L)	≤0.05	≤0.5	≤1.00	≤5.00	>5.00
14	铝/(mg/L)	≤0.01	≤0.05	≤0.20	≤0.50	>0.50
15	挥发性酚类(以苯酚计)/(mg/L)	≤0.001	≤0.001	≤0.002	≤0.01	>0.01
16	阴离子表面活性剂/(mg/L)	不得检出	≤0.1	≤0.3	≤0.3	>0.3
17	耗氧量(COD_{Mn}法,以O_2计)/(mg/L)	≤1.0	≤2.0	≤3.0	≤10.0	>10.0
18	氨氮(以N计)/(mg/L)	≤0.02	≤0.10	≤0.50	≤1.50	>1.50
19	硫化物/(mg/L)	≤0.005	≤0.01	≤0.02	≤0.10	>0.10
20	钠/(mg/L)	≤100	150	≤200	≤400	>400
微生物指标						
21	总大肠菌群/(MPN^b/100mL 或 CFU^c/100mL)	≤3.0	≤3.0	≤3.0	≤100	>100
22	菌落总数/(CFU/mL)	≤100	≤100	≤100	≤1000	>1000
毒理学指标						
23	亚硝酸盐(以N计)/(mg/L)	≤0.01	≤0.10	≤1.00	≤4.80	>4.80
24	硝酸盐(以N计)/(mg/L)	≤2.0	≤5.0	≤20.0	≤30.0	>30.0
25	氰化物/(mg/L)	≤0.001	≤0.01	≤0.05	≤0.1	>0.1
26	氟化物/(mg/L)	≤1.0	≤1.0	≤1.0	≤2.0	>2.0
27	碘化物/(mg/L)	≤0.04	≤0.04	≤0.08	≤0.50	>0.50
28	汞/(mg/L)	≤0.0001	≤0.0001	≤0.001	≤0.002	>0.002
29	砷/(mg/L)	≤0.001	≤0.001	≤0.01	≤0.05	>0.05
30	硒/(mg/L)	≤0.01	≤0.01	≤0.01	≤0.1	>0.1
31	镉/(mg/L)	≤0.0001	≤0.001	≤0.005	≤0.01	>0.01
32	铬(六价)/(mg/L)	≤0.005	≤0.01	≤0.05	≤0.10	>0.10
33	铅/(mg/L)	≤0.005	≤0.005	≤0.01	≤0.10	>0.10
34	三氯甲烷/(μg/L)	≤0.5	≤6	≤60	≤300	>300
35	四氯化碳/(μg/L)	≤0.5	≤0.5	≤2.0	≤50.0	>50.0
36	苯/(μg/L)	≤0.5	≤1.0	≤10.0	≤120	>120
37	甲苯/(μg/L)	≤0.5	≤140	≤700	≤1400	>1400

续表1

序号	指标	Ⅰ类	Ⅱ类	Ⅲ类	Ⅳ类	Ⅴ类
放射性指标[d]						
38	总α放射性/(Bq/L)	≤0.1	≤0.1	≤0.5	>0.5	>0.5
39	总β放射性/(Bq/L)	≤0.1	≤1.0	≤1.0	>1.0	>1.0

[a] NTU为散射浊度单位。
[b] MPN表示最可能数。
[c] CFU表示菌落形成单位。
[d] 放射性指标超过指导值,应进行核素分析和评价。

表2 地下水质量非常规指标及限值

序号	指标	Ⅰ类	Ⅱ类	Ⅲ类	Ⅳ类	Ⅴ类
毒理学指标						
1	铍/(mg/L)	≤0.0001	≤0.0001	≤0.002	≤0.06	>0.06
2	硼/(mg/L)	≤0.02	≤0.10	≤0.50	≤2.00	>2.00
3	锑/(mg/L)	≤0.0001	≤0.0005	≤0.005	≤0.01	>0.01
4	钡/(mg/L)	≤0.01	≤0.10	≤0.70	≤4.00	>4.00
5	镍/(mg/L)	≤0.002	≤0.002	≤0.02	≤0.10	>0.10
6	钴/(mg/L)	≤0.005	≤0.005	≤0.05	≤0.10	>0.10
7	钼/(mg/L)	≤0.001	≤0.01	≤0.07	≤0.15	0.15
8	银/(mg/L)	≤0.001	≤0.01	≤0.05	≤0.10	>0.10
9	铊/(mg/L)	≤0.0001	≤0.0001	≤0.0001	≤0.001	>0.001
10	二氯甲烷/(μg/L)	≤1	≤2	≤20	≤500	>500
11	1,2-二氯乙烷/(μg/L)	≤0.5	≤3.0	≤30.0	≤40.0	>40.0
12	1,1,1-三氯乙烷/(μg/L)	≤0.5	≤400	≤2000	≤4000	>4000
13	1,1,2-三氯乙烷/(μg/L)	≤0.5	≤0.5	≤5.0	≤60.0	>60.0
14	1,2-二氯丙烷/(μg/L)	≤0.5	≤0.5	≤5.0	≤60.0	>60.0
15	三溴甲烷/(μg/L)	≤0.5	≤10.0	≤100	≤800	>800
16	氯乙烯/(μg/L)	≤0.5	≤0.5	≤5.0	≤90.0	>90.0
17	1,1-二氯乙烯/(μg/L)	≤0.5	≤3.0	≤30.0	≤60.0	>60.0
18	1,2-二氯乙烯/(μg/L)	≤0.5	≤5.0	≤50.0	≤60.0	>60.0
19	三氯乙烯/(μg/L)	≤0.5	≤7.0	≤70.0	≤210	>210

续表 2

序号	指标	Ⅰ类	Ⅱ类	Ⅲ类	Ⅳ类	Ⅴ类
毒理学指标						
20	四氯乙烯/(μg/L)	≤0.5	≤4.0	≤40.0	≤300	>300
21	氯苯/(μg/L)	≤0.5	≤60.0	≤300	≤600	>600
22	邻二氯苯/(μg/L)	≤0.5	≤200	≤1000	≤2000	>2000
23	对二氯苯/(μg/L)	≤0.5	≤30.0	≤300	≤600	>600
24	三氯苯(总量)/(μg/L)[a]	≤0.5	≤4.0	≤20.0	≤180	>180
25	乙苯/(μg/L)	≤0.5	≤30.0	≤300	≤600	>600
26	二甲苯(总量)/(μg/L)[b]	≤0.5	≤100	≤500	≤1000	>1000
27	苯乙烯/(μg/L)	≤0.5	≤2.0	≤20.0	≤40.0	>40.0
28	2,4-二硝基甲苯/(μg/L)	≤0.1	≤0.5	≤5.0	≤60.0	>60.0
29	2,6-二硝基甲苯/(μg/L)	≤0.1	≤0.5	≤5.0	≤30.0	>30.0
30	萘/(μg/L)	≤1	≤10	≤100	≤600	>600
31	蒽/(μg/L)	≤1	≤360	≤1800	≤3600	>3600
32	荧蒽/(μg/L)	≤1	≤50	≤240	≤480	>480
33	苯并(b)荧蒽/(μg/L)	≤0.1	≤0.4	≤4.0	≤8.0	>8.0
34	苯并(a)芘/(μg/L)	≤0.002	≤0.002	≤0.01	≤0.50	>0.50
35	多氯联苯(总量)/(μg/L)[c]	≤0.05	≤0.05	≤0.50	≤10.0	>10.0
36	邻苯二甲酸二(2-乙基已基)脂/(μg/L)	≤3	≤3	≤8.0	≤300	>300
37	2,4,6-三氯酚/(μg/L)	≤0.05	≤20.0	≤200	≤300	>300
38	五氯酚/(μg/L)	≤0.05	≤0.90	≤9.0	≤18.0	>18.0
39	六六六(总量)/(μg/L)[d]	≤0.01	≤0.50	≤5.00	≤300	>300
40	γ-六六六(林丹)/(μg/L)	≤0.01	≤0.20	≤2.00	≤150	>150
41	滴滴涕(总量)/(μg/L)[e]	≤0.01	≤0.10	≤1.00	≤2.00	>2.00
42	六氯苯/(μg/L)	≤0.01	≤0.10	≤1.00	≤2.00	>2.00
43	七氯/(μg/L)	≤0.01	≤0.04	≤0.40	≤0.80	>0.80
44	2,4-滴/(μg/L)	≤0.1	≤6.0	≤30.0	≤150	>150
45	克百威/(μg/L)	≤0.05	≤1.40	≤7.00	≤14.0	>14.0
46	涕灭威/(μg/L)	≤0.05	≤0.60	≤3.00	≤30.0	>30.0
47	敌敌畏/(μg/L)	≤0.05	≤0.10	≤1.00	≤2.00	>2.00

续表2

序号	指标	Ⅰ类	Ⅱ类	Ⅲ类	Ⅳ类	Ⅴ类
	毒理学指标					
48	甲基对硫磷/(μg/L)	≤0.05	≤4.00	≤20.0	≤40.0	>40.0
49	马拉硫磷/(μg/L)	≤0.05	≤25.0	≤250	≤500	>500
50	乐果/(μg/L)	≤0.05	≤16.0	≤80.0	≤160	>160
51	毒死蜱/(μg/L)	≤0.05	≤6.00	≤30.0	≤60.0	>60.0
52	百菌清/(μg/L)	≤0.05	≤1.00	≤10.0	≤150	>150
53	莠去津/(μg/L)	≤0.05	≤0.40	≤2.00	≤600	>600
54	草甘膦/(μg/L)	≤0.1	≤140	≤700	≤1400	>1400

a 三氯苯(总量)为1,2,3－三氯苯、1,2,4－三氯苯、1,3,5－三氯苯3种异构体加和。

b 二甲苯(总量)为邻二甲苯、间二甲苯、对二甲苯3种异构体加和。

c 多氯联苯(总量)为PCB28、PCB52、PCB101、PCB118、PCB138、PCB153、PCB180、PCB194、PCB206 9种多氯联苯单体加和。

d 六六六(总量)为α－六六六、β－六六六、γ－六六六、δ－六六六4种异构体加和。

e 滴滴涕(总量)为o,p'－滴滴涕、p,p'－滴滴伊、p,p'－滴滴滴、p,p'－滴滴涕4种异构体加和。

5 地下水质量调查与监测

5.1 地下水质量应定期监测。潜水监测频率应不少于每年两次(丰水期和枯水期各1次),承压水监测频率可以根据质量变化情况确定,宜每年1次。

5.2 依据地下水质量的动态变化,应定期开展区域性地下水质量调查评价。

5.3 地下水质量调查与监测指标以常规指标为主,为便于水化学分析结果的审核,应补充钾、钙、镁、重碳酸根、碳酸根、游离二氧化碳指标;不同地区可在常规指标的基础上,根据当地实际情况补充选定非常规指标进行调查与监测。

5.4 地下水样品的采集参照相关标准执行,地下水样品的保存和送检按附录A执行。

5.5 地下水质量检测方法的选择参见附录B,使用前应按照GB/T 27025—2008中5.4的要求,进行有效确认和验证。

6 地下水质量评价

6.1 地下水质量评价应以地下水质量检测资料为基础。

6.2 地下水质量单指标评价,按指标值所在的限值范围确定地下水质量类别,指标限值相同时,从优不从劣。

示例:挥发性酚类Ⅰ、Ⅱ类限值均为0.001mg/L,若质量分析结果为0.001mg/L时,应定为Ⅰ类,不定为Ⅱ类。

6.3 地下水质量综合评价,按单指标评价结果最差的类别确定,并指出最差类别的指标。

示例:某地下水样氯化物含量400mg/L,四氯乙烯含量350μg/L,这两个指标属Ⅴ类,其余指标均低于Ⅴ类。则该地下水质量综合类别定为Ⅴ类,Ⅴ类指标为氯离子和四氯乙烯。

附录 A

(规范性附录)

地下水样品保存和送检要求

地下水样品保存和送检要求见表 A.1(节选)。

表 A.1 地下水样品保存和送检要求(节选)

序号	检测指标	采样容器和体积	保存方法	保存时间
1	色	G 或 P,1L	原样	10d
2	嗅和味	G 或 P,1L	原样	10d
3	浑浊度	G 或 P,1L	原样	10d
4	肉眼可见物	G 或 P,1L	原样	10d
5	pH	G 或 P,1L	原样	10d
6	总硬度	G 或 P,1L	原样	10d
7	溶解性总固体	G 或 P,1L	原样	10d
8	硫酸盐	G 或 P,1L	原样	10d
9	氯化物	G 或 P,1L	原样	10d
10	铁	G 或 P,1L	原样	10d
11	锰	G,0.5L	硝酸,pH≤2	30d
12	铜	G,0.5L	硝酸,pH≤2	30d
13	锌	G,0.5L	硝酸,pH≤2	30d

续表 A.1

序号	检测指标	采样容器和体积	保存方法	保存时间
14	铝	G,0.5L	硝酸,pH≤2	30d
15	挥发性酚类	G,1L	氢氧化钠,pH≥12,4℃冷藏	24h
16	阴离子表面活性剂	G 或 P,1L	原样	10d
17	耗氧量（COD_{Mn}法）	G 或 P,1L	原样或硫酸,pH≤2	10d 24h
18	氨氮	G 或 P,1L	原样或硫酸,pH≤2,4℃冷藏	10d 24h
19	硫化物	棕色 G,0.5L	每100mL水样加入4滴乙酸锌溶液（200g/L）和氢氧化钠溶液（40g/L）,避光	7d
20	钠	G 或 P,1L	原样	10d
21	总大肠菌群	灭菌瓶或灭菌袋	原样	4h
22	菌落总数	灭菌瓶或灭菌袋	原样	4h
23	亚硝酸盐	G 或 P,1L	原样或硫酸,pH≤2,4℃冷藏	10d 24h

附录 B

（资料性附录）

地下水质量检测指标推荐分析方法

地下水质量检测指标推荐分析方法见表 B.1。

表 B.1 地下水质量检测指标推荐分析方法

序号	检测指标	推荐分析方法
1	色	铂-钴标准比色法
2	嗅和味	嗅气和尝味法
3	浑浊度	散射法、比浊法
4	肉眼可见物	直接观察法
5	pH	玻璃电极法（现场和实验室均需检测）
6	总硬度	EDTA容量法、电感耦合等离子体原子发射光谱法、电感耦合等离子体质谱法

续表 B.1

序号	检测指标	推荐分析方法
7	溶解性总固体	105℃干燥重量法、180℃干燥重量法
8	硫酸盐	硫酸钡重量法、离子色谱法、EDTA容量法、硫酸钡比浊法
9	氯化物	离子色谱法、硝酸银容量法
10	铁	电感耦合等离子体原子发射光谱法、原子吸收光谱法、分光光度法
11	锰	电感耦合等离子体原子发射光谱法、电感耦合等离子体质谱法、原子吸收光谱法
12	铜	电感耦合等离子体质谱法、原子吸收光谱法
13	锌	电感耦合等离子体质谱法、原子吸收光谱法
14	铝	电感耦合等离子体原子发射光谱法、电感耦合等离子体质谱法
15	挥发性酚类	分光光度法、溴化容量法
16	阴离子表面活性剂	分光光度法
17	耗氧量（COD_{Mn}法）	酸性高锰酸盐法、碱性高锰酸盐法
18	氨氮	离子色谱法、分光光度法
19	硫化物	碘量法
20	钠	电感耦合等离子体原子发射光谱法、火焰发射光度法、原子吸收光谱法
21	总大肠菌群	多管发酵法
22	菌落总数	平皿计数法
23	亚硝酸盐	分光光度法
24	硝酸盐	离子色谱法、紫外分光光度法
25	氰化物	分光光度法、容量法
26	氟化物	离子色谱法、离子选择电极法、分光光度法
27	碘化物	分管光度法、电感耦合等离子体质谱法、离子色谱法
28	汞	原子荧光光谱法、冷原子吸收光谱法
29	砷	原子荧光光谱法、电感耦合等离子体质谱法
30	硒	原子荧光光谱法、电感耦合等离子体质谱法
31	镉	电感耦合等离子体质谱法、石墨炉原子吸收光谱法
32	铬（六价）	电感耦合等离子体质谱法、分光光度法
33	铅	电感耦合等离子体质谱法
34	总α放射性	厚样法
35	总β放射性	薄样法

续表 B.1

序号	检测指标	推荐分析方法
36	铍	电感耦合等离子体质谱法
37	硼	电感耦合等离子体质谱法、分光光度法
38	锑	原子荧光光谱法、电感耦合等离子体质谱法
39	钡	电感耦合等离子体质谱法
40	镍	电感耦合等离子体质谱法
41	钴	电感耦合等离子体质谱法
42	钼	电感耦合等离子体质谱法
43	银	电感耦合等离子体质谱法、石墨炉原子吸收光谱法
44	铊	电感耦合等离子体质谱法
45	三氯甲烷	吹扫-捕集/气相色谱-质谱法 顶空/气相色谱-质谱法
46	四氯化碳	
47	苯	
48	甲苯	
49	二氯甲烷	
50	1,2-二氯乙烷	
51	1,1,1-三氯乙烷	
52	1,1,2-三氯乙烷	
53	1,2-二氯丙烷	
54	三溴甲烷	
55	氯乙烯	
56	1,1-二氯乙烯	
57	1,2-二氯乙烯	
58	三氯乙烯	
59	四氯乙烯	
60	氯苯	
61	邻二氯苯	
62	对二氯苯	
63	三氯苯(总量)	
64	乙苯	
65	二甲苯(总量)	

续表 B.1

序号	检测指标	推荐分析方法
66	苯乙烯	吹扫-捕集/气相色谱-质谱法 顶空/气相色谱-质谱法
67	2,4—二硝基甲苯	气相色谱-电子捕获检测器法
68	2,6—二硝基甲苯	气相色谱-质谱法
69	萘	气相色谱-质谱法 高效液相色谱-荧光检测器-紫外检测器法
70	蒽	
71	荧蒽	
72	苯并(b)荧蒽	
73	苯并(a)芘	
74	多氯联苯（总量）	气相色谱-电子捕获检测器法 气相色谱-质谱法
75	邻苯二甲酸二(2—乙基已基)脂	气相色谱-电子捕获检测器法 气相色谱-质谱法
76	2,4,6—三氯酚	高效液相色谱-紫外检测器法
77	五氯酚	
78	六六六（总量）	气相色谱-电子捕获检测器法 气相色谱-质谱法
79	γ—六六六（林丹）	
80	滴滴涕（总量）	
81	六氯苯	
82	七氯	
83	2,4—滴	
84	克百威	液相色谱-紫外检测器法
85	涕灭威	液相色谱-质谱法
86	敌敌畏	气相色谱-氮磷检测器法 气相色谱-质谱法 液相色谱-质谱法
87	甲基对硫磷	
88	马拉硫磷	
89	乐果	
90	毒死蜱	
91	百菌清	
92	莠去津	

续表 B.1

序号	检测指标	推荐分析方法
93	草甘膦	液相色谱-紫外检测器法 液相色谱-质谱法

注1:45号~66号为挥发性有机物,可采用吹扫-捕集/气相色谱-质谱法或顶空/气相色谱-质谱法同时测定。

注2:67号~83号、86号~92号可采用气相色谱-质谱法同时测定。

注3:83号~92号可采用液相色谱-质谱法同时测定。

注4:草甘膦需要衍生化,应单独一个分析流程。

参考文献

[1] GB/T 1576—2008　工业锅炉水质

[2] GB 3838—2002　地表水环境质量标准

[3] GB 5084—2005　农田灌溉水质标准

[4] GB/T 14157—1993　水文地质术语

[5] CJ/T 206—2005　城市供水水质标准

[6] SL 219—2013　水环境监测规范

[7] 金银龙,鄂学礼,张岚. GB 5749—2006《生活饮用水卫生标准》释义[M]. 北京:中国标准出版社,2007.

[8] 卫生部卫生标准委员会. GB 5749—2006《生活饮用水卫生标准》应用指南[M]. 北京:中国标准出版社,2010.

[9] 夏青,陈艳卿,刘宪兵. 水质基准与水质标准[M]. 北京:中国标准出版社,2004.

[10] Australian Govement, National Health and Medical Research Council, Natural Resource Management Ministerial Council. National water quality management strategy, Australian drinking water guidelines. 2013.

[11] Council Directive 98/83/EC on the quality of water intended for human consumption. EU's Drinking Water Standard. 1998.

[12] U. S. Environmental Protection Agency. Edition of the drinking water standards and health advisories, Washington, D. C. ,2012.

[13] World Health Organization. Guidelines for drinking-water quality(4^{th}ed.). Geneva,2011.